westermann

W0462036

fit fürs abi EXPRESS

Chemie

fit fürs abi EXPRESS

Chemie

Autorin:
Iris Schneider

westermann GRUPPE

Bildnachweis:
Biermann-Schickling, Birgitt, Hannover: 48.1, 120.1. |iStockphoto.com, Calgary: Nikada Titel. |Langner & Partner Werbeagentur GmbH, Hemmingen: 31.1. |Mall, Karin, Berlin: 33.1, 33.2, 34.1, 34.2, 35.1, 53.1. |Wohlgemuth, Frank, Lilienthal: 120.2.
Alle weiteren Grafiken: imprint, Zusmarshausen.

Druck A² / Jahr 2021
Alle Drucke der Serie A sind im Unterricht parallel verwendbar.

Redaktion: imprint, Zusmarshausen
Kontakt: lernhilfen@westermanngruppe.de
Layout und Umschlaggestaltung: tiff.any, Berlin
Umschlagfoto: iStockphoto.com, Nikada
Druck und Bindung: Westermann Druck Zwickau GmbH, Crimmitschauer Straße 43, 08058 Zwickau

ISBN 978-3-7426-**0111**-7

SO FUNKTIONIERT'S

Fit fürs Abi Express Chemie hilft Ihnen, alle prüfungsrelevanten Themen schnell und effektiv zu wiederholen. Sie finden hier einen **kompakten Überblick** des gesamten Abiturstoffs, mit dem Sie Ihre Wissenslücken rasch schließen können.

Schlagen Sie einfach diejenigen Themenbereiche nach, in denen Sie sich noch nicht ganz sattelfest fühlen. Es ist nicht nötig, das Buch von vorne nach hinten durchzuarbeiten. Jedes Kapitel steht für sich und behandelt einen anderen Fachbereich der Prüfung.

In diesem Buch wird Ihnen ein Überblick über mögliche Themen gegeben. Je nach Bundesland werden im Abitur manche Themen nicht geprüft. Es kann durchaus sein, dass ein Teil eines Kapitels für Ihre Prüfung nicht relevant ist. Fragen Sie Ihre Lehrkraft oder sehen Sie im Lehrplan nach, welche Themengebiete in Ihrem Bundesland im Abitur verlangt werden.
Die Gruppierung der Themen unterscheidet sich ebenfalls von Bundesland zu Bundesland. So können z. B. Reaktionsgeschwindigkeit, Katalyse und chemisches Gleichgewicht unter dem Überbegriff *Steuerung chemischer Reaktionen* behandelt werden.

Das Buch enthält zahlreiche **Merkkästen** und **Abi-Tipps**, die Ihnen das Lösen der Prüfungsaufgaben erleichtern. Mithilfe der **Checklisten** am Ende jedes Kapitels können Sie Ihren eigenen Kenntnisstand überprüfen. Vor allem die im Text **fett gedruckten Begriffe** sollen Sie an die wichtigsten Schlagworte erinnern – gehen Sie sicher, dass Sie diese verstanden haben und gegebenenfalls auch ausführlicher erklären können. Dies ist insbesondere für eine mündliche Prüfung sehr wichtig.

Passend zum Buch gibt es eine **App mit interaktiven Multiple-Choice-Aufgaben**. Mit dieser App können Sie alle wichtigen Themen aus dem Buch aktiv und in motivierender Form trainieren. Einfach im Apple App Store oder im Google Play Store „Fit fürs Abi" eingeben und kostenlos herunterladen. Auf www.westermann.de/fit-fuers-abi-express finden Sie außerdem kostenlose **Videos** mit Prüfungstipps.

Viel Erfolg für die Prüfung wünscht Ihnen
Iris Schneider

INHALTSVERZEICHNIS

1 ATOMBAU UND PERIODENSYSTEM

Historische Entwicklung des Atommodells ... 7
Orbitalmodell ... 8
Elektronenkonfiguration ... 10
Periodensystem ... 11
Kernchemie ... 12

2 CHEMISCHE BINDUNG

Stabile Elektronenkonfiguration ... 16
Atombindung (Moleküle) ... 17
Komplexbindung/Koordinative Atombindung (Komplexe) ... 19
Ionenbindung (Salze) ... 21
Metallbindung (Metalle, Legierungen) ... 22
Zwischenmolekulare Kräfte ... 23

3 ENERGIE BEI CHEMISCHEN REAKTIONEN

Enthalpie ... 26
Entropie ... 28
Verknüpfung von Entropie und Enthalpie ... 29

4 REAKTIONSGESCHWINDIGKEIT

Grundlagen ... 30
Abhängigkeit der Reaktionsgeschwindigkeit ... 31
Katalysatoren ... 32
Enzyme ... 33

5 DAS CHEMISCHE GLEICHGEWICHT

Reversible Reaktionen ... 37
Beeinflussung der Lage des chemischen Gleichgewichts ... 38
Das Massenwirkungsgesetz ... 39
Löslichkeitsprodukt ... 41

SÄUREN UND BASEN 6

Reaktionen mit Protonenübergang 42
Die Stärke von Säuren und Basen 46
Die Bestimmung des pH-Wertes 48

REDOXREAKTIONEN 7

Redoxgleichungen 52
Galvanische Elemente 55
Redoxpotentiale 58

ANGEWANDTE REDOXREAKTIONEN 8

Elektrochemische Stromerzeugung 63
Elektrolyse 68
Korrosion und Korrosionsschutz 72

ANALYSEMETHODEN 9

Trennverfahren 75
Chemische Analysemethoden 76

ALIPHATISCHE ORGANISCHE VERBINDUNGEN 10

Kohlenwasserstoffe 81
Alkane 83
Alkene 84
Alkine 86
Isomerien 87
Alkohole 88
Ether 89
Alkanale (Aldehyde) 90
Alkanone (Ketone) 92
Carbonsäuren 93
Ester 94

11 AROMATEN
Das aromatische System 96
Die elektrophile Substitution 98
Weitere Reaktionen von Aromaten 99
Vertreter der Aromaten 101
Phenol und Anilin 103
Dirigierende Effekte 104

12 BIOMOLEKÜLE
Kohlenhydrate 106
Fette 115
Proteine 117

13 TENSIDE
Seifen 122
Der Waschvorgang 123
Synthetische Tenside 123

14 FARBSTOFFE
Farbigkeit 125
Farbstoffe 126
Färbeverfahren 130
Indikatoren 131

15 KUNSTSTOFFE
Organische Makromoleküle 133
Polymerisation 134
Polykondensation 138
Polyaddition 139

STICHWORTVERZEICHNIS 141

ATOMBAU UND PERIODENSYSTEM

Historische Entwicklung des Atommodells

JOHN DALTON (1808)	Teilchenmodell, Atombegriff
JOSEPH JOHN THOMSON (1904)	**Rosinenkuchenmodell:** positiv geladene Grundmatrix mit eingebetteten negativ geladenen Teilchen
ERNST RUTHERFORD (1911)	Streuversuch (α-Teilchen durch Goldfolie auf Zinksulfidschirm) **Kern-Hülle-Modell:** Atomkern (positiv geladen, Masse), Atomhülle (negativ geladen)
NIELS BOHR (1913)	**Struktur der Atomhülle:** Planeten-Modell (Elektronen umkreisen Atomkern auf bestimmten Bahnen)
WERNER HEISENBERG (1927)	Welle-Teilchen-Dualismus, Unschärferelation → wellenmechanisches Modell = Orbitalmodell

WICHTIGE AUSSAGEN ALS VORAUSSETZUNG FÜR DAS ORBITALMODELL

- Der Atomkern enthält positiv geladene Protonen.
- Der Atomkern enthält ungeladene Neutronen.
- Der Atomkern bildet die Masse des Atoms.
- Die Atomhülle enthält die quasi masselosen negativ geladenen Elektronen.
- Die Elektronen befinden sich in unterschiedlichen Energieniveaus.

Orbitalmodell

- Das Orbital ist der Aufenthaltsbereich, in dem ein Elektron mit großer Wahrscheinlichkeit anzutreffen ist.
- In ein Orbital passen zwei Elektronen mit unterschiedlichem Spin.
- Ein Orbital ist durch die vier Quantenzahlen charakterisiert.

Hauptquantenzahl *n*	$n = 1, 2, 3, \ldots$	Größe des Orbitals entspricht: „Schalennummer“
Nebenquantenzahl *l*	$l = 0$ kugelförmiges s-Orbital $l = 1$ hantelförmige p-Orbitale $l = 2$ d-Orbitale $l = 3$ f-Orbitale $l = 4$ g-Orbitale	Form des Orbitals
Magnetquantenzahl *m*	$-l \leq m \leq l$ Beispiel: $l = 2 \rightarrow -2 \leq m \leq 2$ $\rightarrow m = -2, -1, 0, 1, 2$ $\rightarrow$ 5 d-Orbitale	Anzahl der Orbitale, Lage des Orbitals im Raum
Spinquantenzahl *s*	$s = -\frac{1}{2},\ s = \frac{1}{2}$	Eigenrotationsrichtung des Elektrons

Entsprechend ergeben sich **verschiedene räumliche Formen** für die Orbitale:

- Das **s-Orbital** ist kugelförmig.
  Es gibt ein s-Orbital pro Hauptenergieniveau.

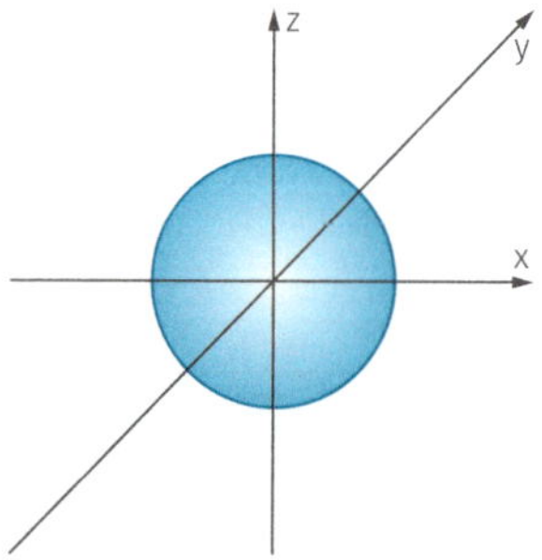

- Die **p-Orbitale** sind hantelförmig und stehen senkrecht aufeinander. Es gibt drei p-Orbitale pro Hauptenergieniveau.

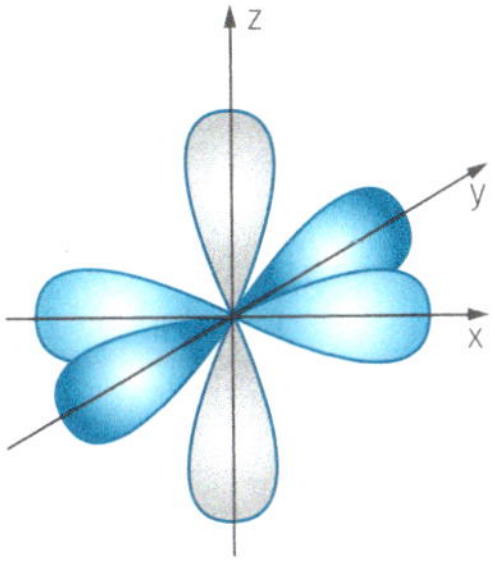

- Die **d-Orbitale** sind bereits komplizierter. Es gibt fünf d-Orbitale pro Hauptenergieniveau.

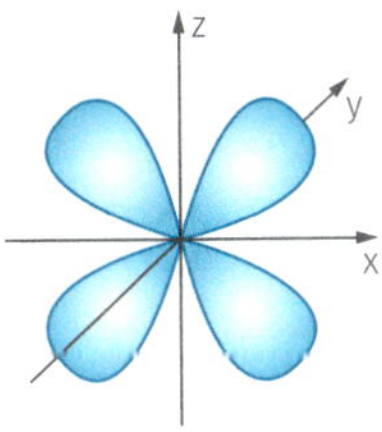

d_{xz}

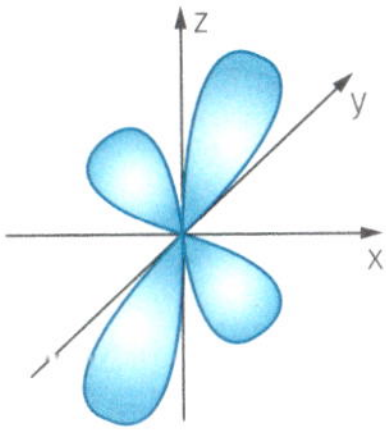

d_{yz}

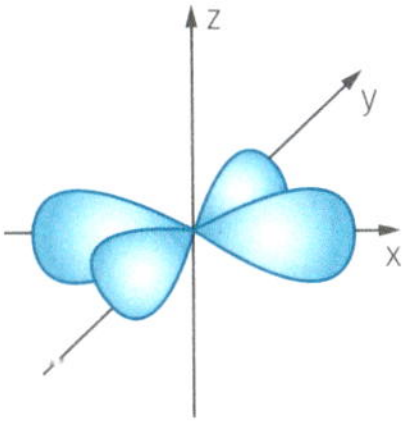

d_{xy}

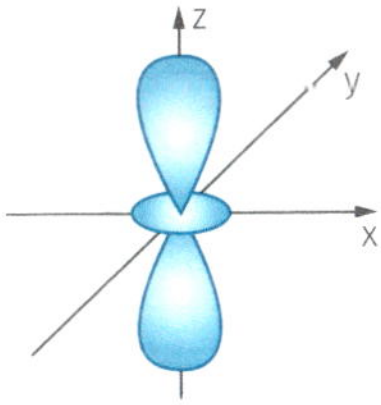

d_{z^2}

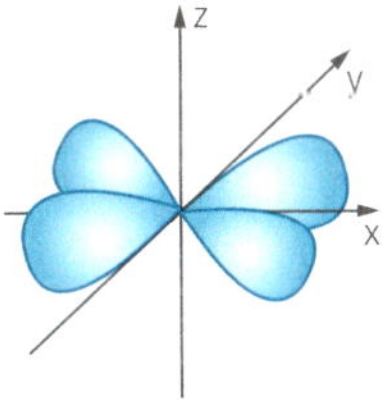

$d_{x^2-y^2}$

- Die weiteren Orbitale sind für die Abiturprüfung nicht mehr relevant.

Elektronenkonfiguration

Die **Orbitalbesetzung** erfolgt immer nach

- dem **Energieprinzip:**
  Energieärmere Zustände werden zuerst besetzt.
- der **HUND'schen Regel:**
  Energiegleiche Orbitale werden zunächst einfach besetzt.
- dem **PAULI-Prinzip:**
  Die Elektronen eines Atoms dürfen nicht in allen vier Quantenzahlen übereinstimmen, Elektronen in einem gemeinsamen Orbital unterscheiden sich im Spin.

Zur **Energieverteilung der Orbitale** und damit zur Reihenfolge der Besetzung kann man sich ein Schachbrett vorstellen, in das diagonal die s-, p-, d- und f-Orbitale in aufsteigender Hauptquantenzahl geschrieben werden. Von unten nach oben wird jetzt jeweils von links nach rechts gelesen – so erhält man die richtige Besetzungsreihenfolge.

	5f		6d		7p		8s
4f		5d		6p		7s	
	4d		5p		6s		
3d		4p		5s			
	3p		4s				
2p		3s					
	2s						
1s							

PAULI-Schreibweise:
Orbital = Kästchen, Elektronen sind Pfeile
Beispiel: Schwefel, S 16 e⁻:

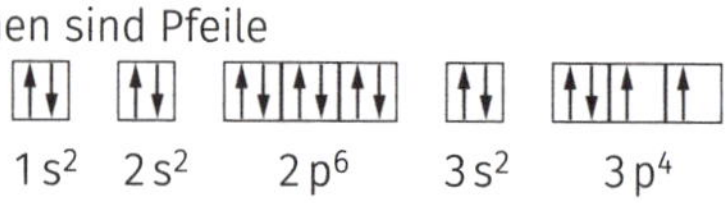

Kurzschreibweise:
Hauptquantenzahl, Orbitalbuchstabe, Anzahl Elektronen im Orbital als Exponent
Beispiel: Schwefel, 16 e^-: $1s^2\ 2s^2\ 2p^6\ 3s^2\ 3p^4$

Periodensystem

ZENTRALE BEGRIFFE

- Elemente nach steigender Protonenzahl geordnet
- **Perioden** (Besetzung Hauptenergieniveaus)
- **Hauptgruppen** I, II (Besetzung s-Orbitale)
- Hauptgruppen III bis VIII (Besetzung p-Orbitale)
- **Nebengruppen** (Besetzung d-Orbitale)
- Lanthanoide, Actinoide (Besetzung f-Orbitale)
- Es gilt: besonders stabil sind vollbesetzte Orbitale (s, p, d, f) und halbbesetzte Orbitale (d, f)

Abi Tipp

WISSEN AUS DEM PERIODENSYSTEM

Nuklide = Atomart, definiert durch Kernladungs- und Massenzahl

Massenzahl (32)
Elementsymbol (S)
Kernladungszahl (16)

$$^{32}_{16}S$$

ZENTRALE BEGRIFFE

- **Isotope** = Nuklide mit gleicher Kernladungs- aber unterschiedlicher Massenzahl $^{12}_{6}C$ $^{14}_{6}C$
- **Isobare** = Nuklide mit gleicher Massen- aber unterschiedlicher Kernladungszahl $^{97}_{40}Sr$ $^{97}_{42}Mo$
- **Atommasse** = bestimmt aus Anzahl von Protonen und Neutronen, m_A [u], entspricht Massenzahl
- **molare Masse** M [g/mol], Masse von einem Mol dieser Atomart, entspricht Massenzahl
- **Stoffmenge** = Stoffportion, die $6{,}023 \cdot 10^{23}$ Teilchen enthält.

Periodizität einiger Eigenschaften

Eigenschaft	Definition	Änderung innerhalb Gruppe	Änderung innerhalb Periode
Atom-/ Ionenradien	Kationenradien < Atomradien Anionenradien > Atomradien	Zunahme, da mehr Energieniveaus besetzt werden	Abnahme, Energieniveau konstant aber Zunahme Kernladung
Elektronenaffinität	Energie bei Aufnahme eines e^-	Zunahme	Abnahme
Elektronegativität	Bestreben e^- in einer Atombindung an sich zu ziehen	Zunahme	Abnahme
Ionisierungsenergie	aufzubringende Energie um e^- vollständig abzutrennen	Zunahme	Abnahme

Kernchemie

Radioaktiver Zerfall

Entfernen oder Zugabe von Elektronen aus oder in die Hülle → Ionenbildung

Veränderungen der Teilchenzahl im Atomkern → Radioaktivität

- Änderung der Protonenzahl → Entstehung eines neuen Elementes
- Änderung der Neutronenzahl bei gleichbleibender Protonenzahl → Änderung der Atommasse

Es gibt im Prinzip **drei verschiedene Arten von Strahlung**

α-Strahlung	β-Strahlung	γ-Strahlung
Teilchenstrahlung ($^{4}_{2}$He-Kerne)	Teilchenstrahlung (Elektronen, Positronen)	Röntgenstrahlung (γ-Quanten)
$v = 15\,000\,km/s$	v zwischen 0 und Lichtgeschwindigkeit	v = Vakuumlichtgeschwindigkeit
0,02 mm Aluminiumblech absorbiert halbe Strahlungsdosis	0,5 mm Aluminiumblech absorbiert halbe Strahlungsdosis	8 cm Aluminiumblech absorbiert halbe Strahlungsdosis

Alpha-Zerfall

α-Strahler senden einen He^{2+}-Kern aus, dieser nimmt zwei Elektronen aus der Umgebung auf und wird zum Helium-Atom.
Das ursprüngliche Element verringert seine Massenzahl um vier, seine Kernladungszahl um zwei Einheiten.
Beispiel: $^{226}_{88}Ra \rightarrow {}^{222}_{86}Rn + {}^{4}_{2}He$

Beta-Zerfall

Man unterscheidet den β^-- und den β^+-Zerfall; die Strahlung besteht dabei aus Elektronen oder Positronen.

β^--Zerfall

Im Kern wandelt sich ein Neutron in ein Proton und ein Elektron um. Dabei entsteht immer ein masse- und ladungsloses Teilchen, das Antineutrino ($\bar{\nu}$).

$^{1}_{0}n \rightarrow {}^{1}_{1}p + {}^{0}_{-1}e + \bar{\nu}$

Die Kernladungszahl erhöht sich um eins, die Anzahl der Nukleonen bleibt insgesamt gleich, daher ändert sich die Massenzahl nicht.
Beispiel: $^{137}_{55}Cs \rightarrow {}^{137}_{56}Ba + {}^{0}_{-1}e + \bar{\nu}$

β^+-Zerfall

Im Kern wandelt sich ein Proton in ein Neutron und ein Positron (Masse eines Elektrons, aber positive Elementarladung) um. Es entsteht immer ein masse- und ladungsloses Teilchen, das Neutrino (ν).

$^{1}_{1}p \rightarrow {}^{1}_{0}n + {}^{0}_{+1}e + \nu$

Beispiel: $^{22}_{11}Na \rightarrow {}^{22}_{10}Ne + {}^{0}_{+1}e + \nu$

Die Kernladungszahl verringert sich um eins, die Anzahl der Nukleonen bleibt insgesamt gleich, daher ändert sich die Massenzahl nicht.

Gamma-Zerfall

Beim γ-Zerfall ändert sich der Energieinhalt des Kerns, die Kernladungs- und die Massenzahl bleiben jedoch gleich. Ein Element geht von einem angeregten, metastabilen Zustand in einen energieärmeren, stabileren Zustand über.
Beispiel: $^{137m}_{56}Ba \rightarrow {}^{137}_{56}Ba + \gamma$

Zerfallsreihen und Halbwertszeit

Eine **Zerfallsreihe** entsteht, wenn beim Zerfall eines radioaktiven Elementes wieder ein radioaktives Element entsteht.
Sie endet, sobald ein stabiler Kern als Zerfallsprodukt vorliegt.

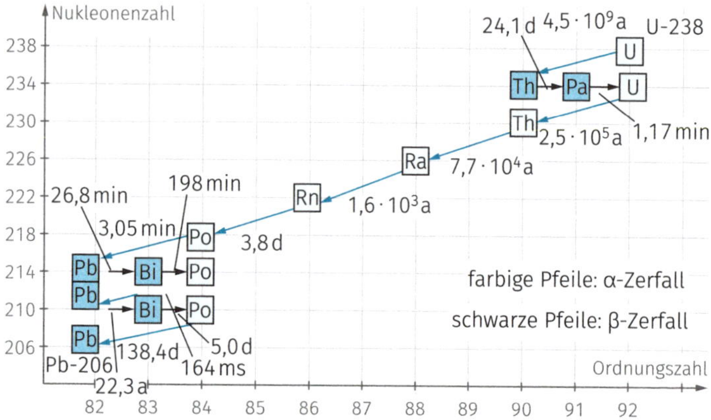

Eine typische Größe für den radioaktiven Zerfall eines Elementes ist die **Halbwertszeit** $T_{1/2}$. Sie gibt die Zeit an, nach der eine zur Zeit t_0 vorhandene Anzahl radioaktiver Elemente zur Hälfte zerfallen ist.
Als Maß gibt es die Zerfallskonstante k.

Berechnung: $T_{1/2} = \frac{\ln_2}{k} = \frac{0{,}693}{k}$

Halbwertszeiten einiger radioaktiver Nuklide:

Element	Formelzeichen	Halbwertszeit
Bismut	^{209}Bi	ca. $1{,}9 \cdot 10^{19}$ Jahre
Uran	^{235}U	704 Mio. Jahre
Plutonium	^{239}Pu	24 110 Jahre
Kohlenstoff	^{14}C	5730 Jahre
Plutonium	^{238}Pu	87,74 Jahre
Radon	^{222}Rn	3,8 Tage
Francium	^{223}Fr	22 Minuten
Polonium	^{212}Po	0,3 µs
Beryllium	^{8}Be	$9 \cdot 10^{-17}$ s

Eine weitere wichtige Größe zur Charakterisierung eines radioaktiven Stoffes ist seine **Aktivität**, das heißt die Anzahl der Zerfälle pro Sekunde. Die Einheit ist 1/s bzw. 1 Bq (Becquerel).

Kernreaktionen

Durch Einwirkung von α-, β-, oder γ-Strahlung auf einen Stoff kann man den Atomkern verändern.

Reaktiontyp	Beispiel	(Kurz)Schreibweise
Reaktion mit α-Teilchen	$^{14}_{7}N + ^{4}_{2}He \rightarrow ^{18}_{9}F$ $\rightarrow ^{17}_{8}O + ^{1}_{1}p$ $^{9}_{4}Be + ^{4}_{2}He \rightarrow ^{12}_{6}C + ^{1}_{0}n + \nu$ (Neutronenquelle)	$^{14}_{7}N(\alpha, p)\, ^{17}_{8}O$ $^{9}_{4}Be(\alpha, n)\, ^{12}_{6}C$
Reaktion mit Neutronen	Bildung von C-14 in der Atmosphäre Bildung von Transuranen	$^{14}_{7}N(n, p)\, ^{14}_{6}C$ $^{238}_{92}U(n, \gamma)\, ^{239}_{92}U$
Reaktion mit schweren Ionen	künstliches Element Copernicium	$^{70}_{30}Zn + ^{208}_{82}Pb$ $\rightarrow ^{277}_{112}Cn + ^{1}_{0}n$
Elektronen- oder K-Einfang	Kern fängt e^- aus K-Schale, p^+ wird zu n^0, äußeres e^- füllt Platz, Röntgenstrahlung wird frei	$^{1}_{1}p + ^{0}_{-1}e \rightarrow ^{1}_{0}n$ $^{40}_{19}K + ^{0}_{-1}e \rightarrow ^{40}_{18}Ar$

ATOMBAU UND PERIODENSYSTEM — Checkliste

Das sollten Sie jetzt sicher beherrschen:

- → eine Vorstellung vom Atommodell mit Energiestufen und Orbitalen haben
- → die Bedeutung der Elementsymbole, Haupt- und Nebengruppen und Perioden im Periodensystem kennen
- → mit dem Periodensystem arbeiten können
- → Periodizität einiger Eigenschaften verstehen
- → Grundbegriffe der Kernchemie verstanden haben

2 CHEMISCHE BINDUNG

Stabile Elektronenkonfiguration

Atome wollen einen stabilen Zustand erreichen

Jedes Atom ist bestrebt einen stabilen Zustand zu erlangen. Dies wird erreicht durch eine bestimmte **Elektronenkonfiguration**.
Immer wenn ein Hauptenergieniveau voll oder halb besetzt ist, ist das eine besonders stabile Form.

- Die Elemente der Hauptgruppe streben eine Vollbesetzung der Valenzschale (äußerste besetzte Schale, bzw. Energieniveau) an.
- Dazu benötigen sie acht Elektronen (**Oktettregel**) (für die 1. bzw. die ersten vier Elemente der 2. Periode nur zwei Elektronen) im äußersten besetzten Energieniveau.
- Das entspricht der Elektronenanordnung der Edelgase und wird **Edelgaskonfiguration** genannt.

Die Nebengruppenelemente haben eine größere Auswahl an besetzten Energiestufen (d-Orbitale), die sie halb oder voll besetzen können.

Die Anzahl der zur Verfügung stehenden Valenzelektronen kann durch Bindungen verändert und damit ein stabiler Zustand erreicht werden:

- Atombindung
- Komplexbindung
- Ionenbindung
- Metallbindung

Abi Tipp

ANTRIEB FÜR DIE BINDUNGSBILDUNG

Wenn Atome bzw. Ionen eine Bindung untereinander eingehen, wird Energie frei. Das bedeutet, dass sie sich danach in einem energieärmeren, stabileren Zustand befinden. Das ist nicht nur der Antrieb für die Bindungsbildung, sondern auch das Grundprinzip für den Ablauf chemischer Reaktionen, d. h. für das Lösen und die Neubildung chemischer Bindungen.

Atombindung (Moleküle)

ZENTRALE BEGRIFFE

- Zwei Atome teilen sich ein (oder mehrere) Elektronenpaar(e).
- **Elektronegativitätsunterschied**:
  ΔE 0 bis 0,5: unpolare Atombindung,
  ΔE 0,5 bis 1,7: polare Atombindung
- **polare Atombindung**: negative Teilladung am elektronegativeren Partner, positive Teilladung am anderen Bindungspartner, Dipolmolekül bei unsymmetrischem Molekülbau und getrennten Ladungsschwerpunkten
- **Lewis-Formeln** (bindende und freie Elektronenpaare, Anordnung der Atome)
- **VSEPR-Modell** (räumlicher Bau eines Moleküls, freie Elektronenpaare benötigen mehr Platz als bindende)

Eigenschaften von Molekülen

niedrige Schmelz- und Siedetemperaturen (abhängig von Molekülgröße)

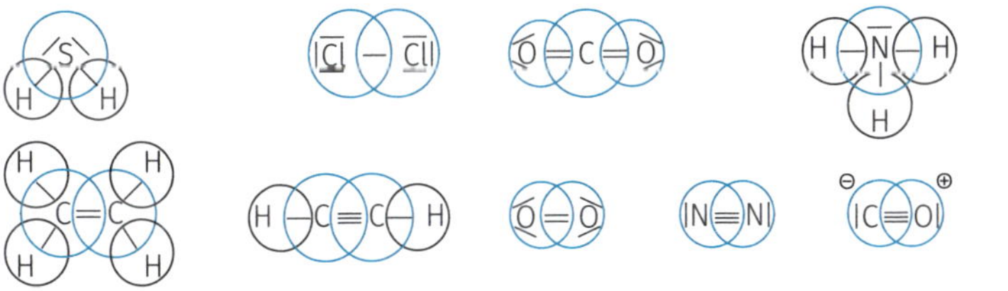

Lewis-Formeln und Oktettregel

Mesomerie

Schreibweise am Beispiel von Lachgas

Bei Molekülen mit Doppelbindungen können die π-Elektronen über mehrere Atome verteilt bzw. delokalisiert sein. Es gibt keine richtige Strukturformel, nur Grenzstrukturen. Man spricht von **mesomeren Grenzstrukturen** und einem mesomeren System.

Dadurch, dass sich die Elektronenpaare abstoßen, ergeben sich bestimmte geometrische Formen für die Moleküle.
Dabei benötigen freie Elektronen mehr Platz als bindende, was die Bindungswinkel beeinflussen kann.

Molekültyp	**Elektronenpaare am Zentralatom**	**Struktur (Beispiele)**	
AB_2	2		linear ($BeCl_2$, $HgCl_2$)
AB_3	3	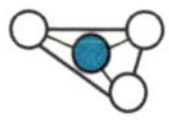	planar-trigonal (BF_3, BCl_3) oder pyramidal (NH_3)
AB_4	4	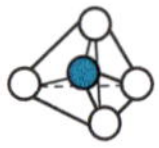	tetraedisch (CH_4, CCl_4) oder quadratisch-planar ($[Cu(NH_3)_4]^{2+}$)
AB_5	5	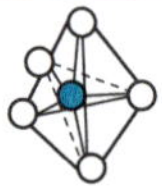	trigonal-bipyramidial (PF_5, PCl_5)
AB_6	6		oktaedrisch (SF_6, UF_6)

- Die Atombindung ist **unpolar**, d. h. die Bindungselektronen sind gleichmäßig verteilt, wenn der Elektronegativitätsunterschied der Bindungspartner kleiner als 0,5 ist.
- Ist der Elektronegativitätsunterschied größer als 0,5, so zieht der elektronegativere Partner die Bindungselektronen zu sich. Er erhält eine negative Teilladung. Der andere Partner erhält eine positive Teilladung. Sind die Ladungsschwerpunkte getrennt voneinander, so liegt ein **Dipol**-Molekül vor.
  - keine Dipolmoleküle, Ladungsschwerpunkte fallen zusammen:

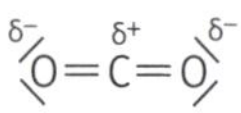 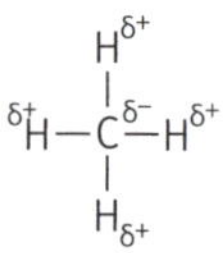 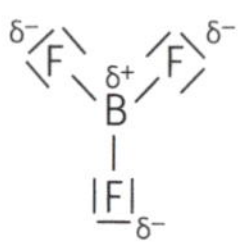

  - Dipolmoleküle:

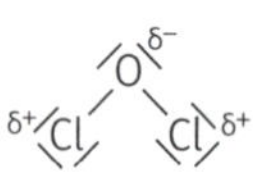 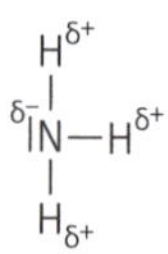 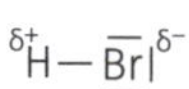 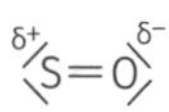

- Ist der Elektronegativitätsunterschied größer als 1,7 so bilden die Partner **Ionen** und ein **Salz** entsteht.

Komplexbindung/Koordinative Atombindung (Komplexe)

ZENTRALE BEGRIFFE

- **Zentralteilchen:** meist positiv geladene Metall-Ionen, oft Übergangsmetalle
- **Liganden:** binden an das Zentralteilchen
  sie können neutral oder negativ geladen sein
  sie können ein- oder mehratomig sein
  sie können ein- oder mehrzähnig sein
- **Koordinationszahl:** Anzahl der gebundenen Liganden
- **Komplexbindung:** Die Bindungselektronen werden nur von einem Partner beigesteuert, der andere Partner hat eine Elektronenlücke und nimmt sie auf.

Benennung von Komplexen

- Anzahl der Liganden
- Name der Liganden
- Name Zentralteilchen
  (kationisches Komplexteilchen: deutscher Name
  anionisches Komplexteilchen: lateinischer Name + at)
- Oxidationszahl des Zentralteilchens

Ligandenaustauschreaktionen

Die Liganden um das Zentralteilchen können teilweise oder komplett ausgetauscht werden.
Oft führt das zu einer Farbänderung des komplexen Teilchens.

Einzähnige Liganden

Formel	H_2O	NH_3	NO_2^-	F^-
Name	Aqua	Ammin	Nitrito-N Nitrito-O	Fluoro

Formel	Cl^-	OH^-	CN^-	SCN^-
Name	Chloro	Hydroxo	Cyano	Thiocyanato

Beispiele für Komplexe mit einzähnigen Liganden:

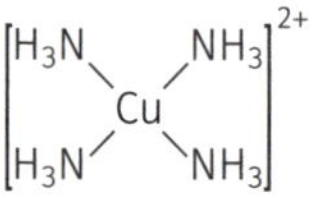

Tetraamminkupfer(II)-Komplex

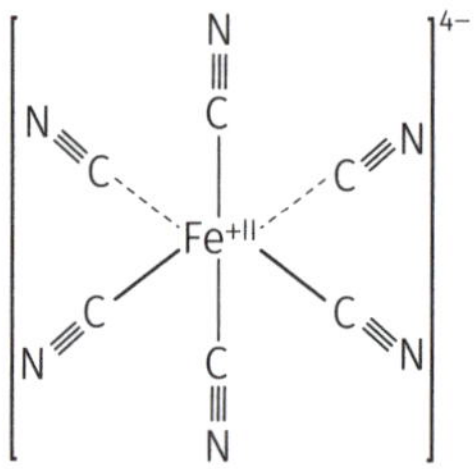

Hexacyanoferrat(II)-Komplex

Mehrzähnige Liganden

Name	Abkürzung	Formel
Ethylendiamin	en	$H_2\overline{N}-CH_2-CH_2-\overline{N}H_2$
Dimethylglyoxim	dmg	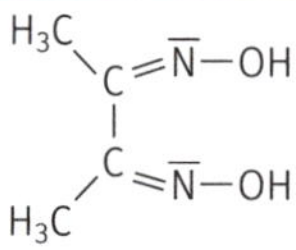
Ethylendiamin-tetraessigsäure	EDTA	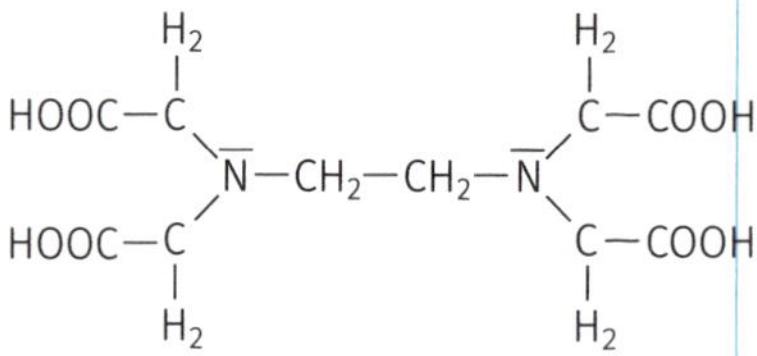

Die mehrzähnigen Liganden bilden sogenannte **Chelat-Komplexe**.
Der Ligand beziehungsweise die Liganden hat/haben mehrere Bindungsstellen und umgreift/umgreifenen das Zentralteilchen.
Beispiel: $[Ca(EDTA)]^{2-}$

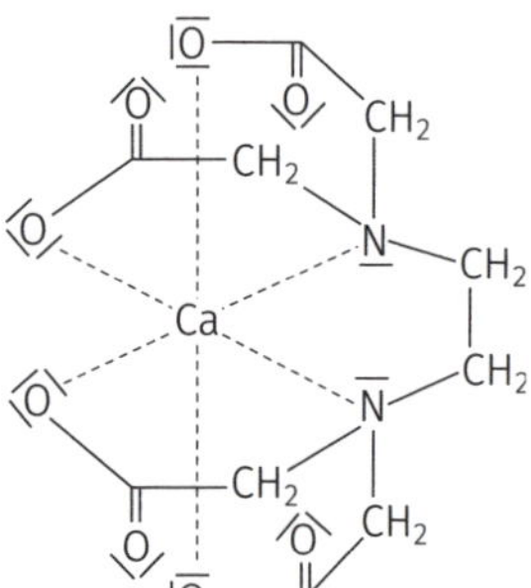

Übungsbeispiel

Benennen Sie den folgenden Komplex:

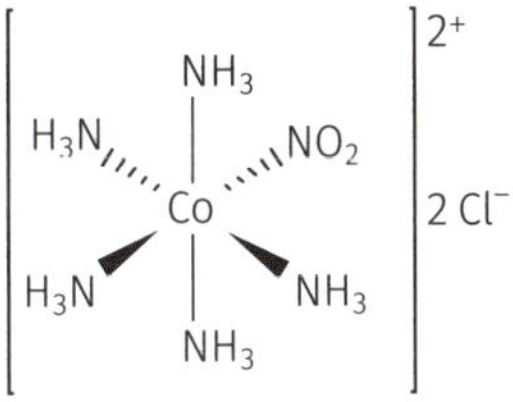

Antwort:
Nitritopentaamminocobalt(III)-chlorid

Ionenbindung (Salze)

ZENTRALE BEGRIFFE

- Elektronegativitätsunterschied $\Delta E > 1{,}7$
- Metall- und Nichtmetall
- **Metallatome** geben Valenzelektronen ab und bilden **Kationen**
- **Nichtmetallatome** nehmen Elektronen auf und bilden **Anionen**
- **Ionengitter:** Bildung unter Freisetzung von Gitterenergie
- Ionen auf festen Plätzen
- sehr starke Anziehungskräfte zwischen Ionen

Eigenschaften von Salzen:
- bilden Kristalle
- sind spröde (zerbrechen unter Druck)
- leiten den Strom als Schmelze und in Lösung
- hohe Schmelz- und Siedetemperaturen
- sind löslich in polaren Flüssigkeiten
- in Wasser: Hydratation

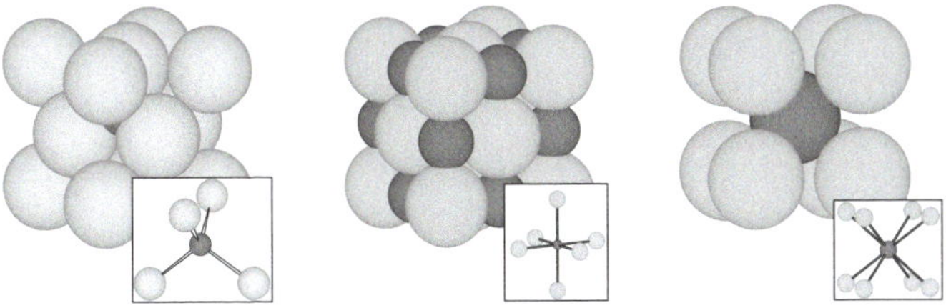

ZnS-Typ NaCl-Typ CsCl-Typ

Die wichtigsten Ionengittertypen der Zusammensetzung AB

Metallbindung (Metalle, Legierungen)

ZENTRALE BEGRIFFE

- Atomrümpfe in dichtester Kugelpackung
- Valenzelektronen delokalisiert
- **Elektronengasmodell**

Eigenschaften von Metallen

- sind duktil (verformen sich unter Druck)
- leiten den Strom und Wärme
- zeigen Oberflächenglanz

Elektronengas-Modell

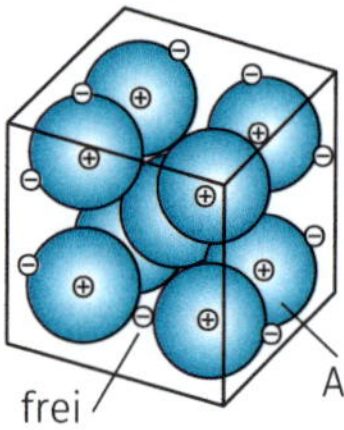

Die Atomrümpfe ordnen sich platzsparend an. Dabei entstehen verschiedene Packungen und damit auch unterschiedliche geometrische Formen.

Struktur der Elementarzelle	kubisch-flächenzentriert	hexagonal	würfelförmig
dichteste Kugelpackung	kubisch-dicht	hexagonal-dicht	kubisch-raumzentriert
Raumerfüllung	74 %	74 %	68 %
nächste Nachbarn pro Metallion	12	12	8
Beispiele	Au, Ag, Cu, Ni, Al, Pb	Mg, Cr, V, Mo	Alkalimetalle, Ba, W

Kristallstrukturen von Metallen: Elementarzellen

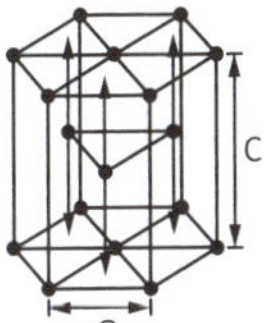

hexagonal

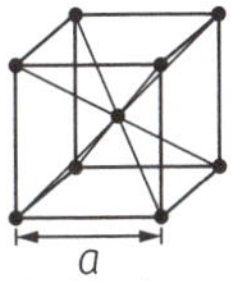

kubisch raumzentriert

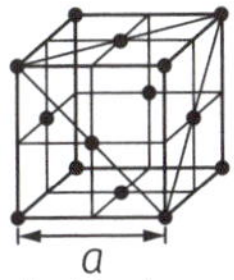

kubisch flächenzentriert

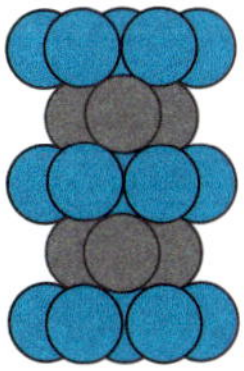
kubisch dichteste Kugelpackung

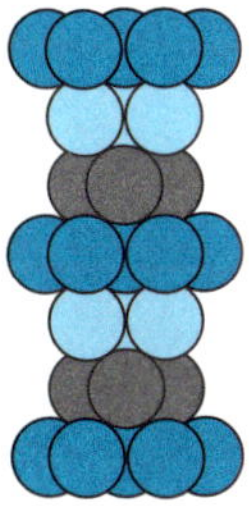
hexagonal dichteste Kugelpackung

Zwischenmolekulare Kräfte

VAN-DER-WAALS Kräfte	Dipol-Dipol-Wechselwirkung	Wasserstoffbrückenbindung
zwischen unpolaren Molekülen	zwischen Dipolmolekülen (polare Atombindung)	Zwischen Molekülen mit — FH, — OH oder — NH-Gruppe
spontane Dipole induzieren bei Nachbarmolekulen Dipole	elektrostatische Anziehung zwischen Teilladungen der permanenten Dipole	elektrostatische Anziehung zwischen positiver Teilladung am H-Atom und negativer Teilladung am Bindungspartner
Stärke nimmt mit größerem Molekulargewicht und größerer Oberfläche zu	Anziehung nimmt mit Größe des Dipolcharakters zu	sehr starke zwischenmolekulare Kräfte

Hier finden Sie zwei typische Aufgaben für das Erkennen von Bindungsarten und das Auswerten von Tabellen und Grafiken.

Übungsbeispiel

a) Ergänzen Sie die folgende Tabelle, die die Schmelzpunkte der Chloride der 3. Periode zeigt.

Schmelztemp.		ΔEN	Bindungstyp	Teilchenart
NaCl	801 °C			
$MgCl_2$	714 °C			
$AlCl_3$	193 °C			
$SiCl_4$	−68 °C			
PCl_3	−91 °C			
SCl_2	−80 °C			
Cl_2	−101 °C			

b) Vergleichen Sie dann die Schmelztemperaturen von NaCl und SCl_2 und begründen Sie den Unterschied.

Lösung:

a)

Schmelztemp.		ΔEN	Bindungstyp	Teilchenart
NaCl	801 °C	2,23	Ionenbindung	Ionen
$MgCl_2$	714 °C	1,85	Ionenbindung	Ionen
$AlCl_3$	193 °C	1,55	stark polare Atombindung	Dipolmolekül
$SiCl_4$	−68 °C	1,26	polare Atombindung	Molekül
PCl_3	−91 °C	0,97	polare Atombindung	Dipolmolekül
SCl_2	−80 °C	0,58	schwach polare Atombindung	Dipolmolekül
Cl_2	−101 °C	0	unpolare Atombindung	Molekül

b) Die Schmelztemperatur von NaCl ist sehr hoch, da eine Ionenbindung vorliegt und sich die Kationen und Anionen elektrostatisch anziehen. Sie bilden ein Ionengitter, das nur durch hohen Energieaufwand zerstört werden kann.
Die Schmelztemperatur von SCl_2 ist sehr niedrig, da nur schwach polare Bindungen vorliegen. Das bedeutet, dass schwache Dipole ausgebildet werden und daher nur schwache Dipol-Dipol-Wechselwirkungen zwischen den Molekülen auftreten.

Übungsbeispiel

Siedetemperaturen von Wasserstoffverbindungen

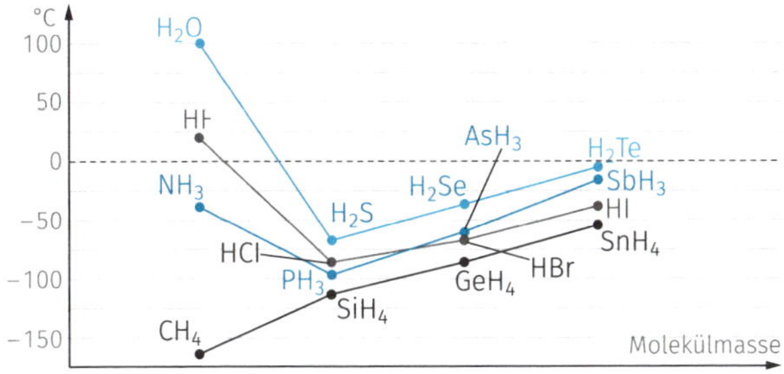

a) Vergleichen Sie die Siedetemperaturen innerhalb der IV. Hauptgruppe. Erklären Sie Ihre Beobachtung.

b) Vergleichen Sie die Siedetemperaturen von GeH_4 und HCl. Was fällt Ihnen auf und wie ist diese Beobachtung zu deuten?

c) Die beiden Verbindungen HF und H_2O zeigen auffällige Extremwerte. Beschreiben Sie die Auffälligkeit und erklären Sie sie.

Antworten:

a) Die Siedepunkte der Wasserstoffverbindungen der Elemente der IV. Hauptgruppe steigen mit zunehmender Molekülmasse. Die Bindungen sind alle unpolar, das heißt zwischen den Molekülen herrschen VAN-DER-WAALS-Kräfte. Je schwerer ein Molekül ist, desto schwerer ist es auch in Bewegung zu setzen, daher steigen die Siedepunkte an.

b) Trotz unterschiedlicher Molekülmasse haben GeH_4 und HCl fast gleiche Siedetemperaturen. Das HCl-Molekül ist zwar kleiner, liegt aber als Dipol vor. Die stärkeren zwischenmolekularen Dipol-Dipol-Wechselwirkungen bedingen einen ähnlichen Siedepunkt wie bei dem unpolaren GeH_4-Molekül.

c) Sowohl bei HF als auch bei H_2O wirken zwischen den Molekülen die besonders starken Wasserstoffbrückenbindungen, was die hohen Siedetemperaturen erklärt.

CHEMISCHE BINDUNG — Checkliste

Das sollten Sie jetzt sicher beherrschen:

- → eine Vorstellung von der Komplexbindung haben
- → Vorkommen und Charakterisierung von Ionen-, Metall- und Elektronenpaarbindung kennen
- → zwischenmolekulare Kräfte zuordnen und charakterisieren können

3 ENERGIE BEI CHEMISCHEN REAKTIONEN

Enthalpie

Grundlagen

Unterscheidung von Systemen:
offen – geschlossen – isoliert/abgeschlossen

ENERGIEERHALTUNGSSATZ (1. HAUPTSATZ DER THERMODYNAMIK)

In einem isolierten System kann Energie weder erzeugt noch vernichtet werden. Energieformen können jedoch ineinander umgewandelt werden. Die Gesamtmenge der Energie bleibt dabei unverändert.

- Einheit der Energie
  Joule [J] 1 J = 1 Nm = 1 Ws
  Energiemenge, die nötig ist um 1 g reines Wasser um 1 K zu erwärmen:
  1 cal = 4,18 J
- Messbarkeit bei chemischen Reaktionen:
  Messbar nur Energieunterschiede bzw. Reaktionswärme
  Symbol für Differenz: Δ
- Reaktionswärme bei konstantem Druck: Reaktionsenergie ΔU
  Reaktionswärme bei konstantem Volumen: Reaktionsenthalpie ΔH
- Exotherme Reaktion: $\Delta H < 0$, Energie wird insgesamt frei
  Endotherme Reaktion: $\Delta H > 0$, Energie wird insgesamt aufgenommen

Reaktionsenthalpie

Molare Standardbildungsenthalpie $\Delta_f H_m^0$:

- tabellarisch erfasst
- entspricht der Wärme, die bei der Bildung von 1 Mol einer Verbindung bei Standardbedingungen (p = 1000 hPa, T = 298 K) aufgenommen oder abgegeben wird
- bei Elementen $\Delta_f H_m^0$ für stabilste Modifikation = 0

Molare Reaktionsenthalpie $\Delta_R H_m^0$:

- Differenz der Summen der molaren Standardbildungsenthalpien von Produkten und Edukten
- Immer bezogen auf eine bestimmte Reaktionsgleichung

SATZ VON HESS

Die Reaktionsenthalpie ist unabhängig vom Reaktionsweg.
Sie hängt nur vom Ausgangs- und Endzustand eines Systems ab.

Weitere Enthalpieformen

- **Gitterenthalpie** – wird frei bei der Bildung eines Ionengitters, bzw. muss aufgewendet werden, um die Ionen aus dem Gitter in einzelne gasförmige Ionen zu separieren.
  Sie wird auch für Metall und Molekülgitter verwendet.
  Die Gitterenthalpie ist umso größer, je kleiner und je höher geladen die Ionen sind.
- **Lösungsenthalpie** – wird frei oder benötigt, wenn ein Ionengitter in Wasser dissoziiert und die Ionen hydratisiert werden.
- **Bindungsenthalpie** – ist die Energie, die aufgewendet werden muss, um die Elektronenpaarbindung (kovalente Bindung) zwischen zwei Atomen zu spalten.
- **Aktivierungsenergie** – ist die Energie, die benötigt wird, um ein Teilchen in ein höheres Energieniveau zu überführen. Dadurch kann eine vorher gehemmte Reaktion schließlich ablaufen.

Entropie

Die Entropie beschreibt den Ordnungszustand eines Systems.
Je niedriger die Entropie, desto geordneter ist ein System.

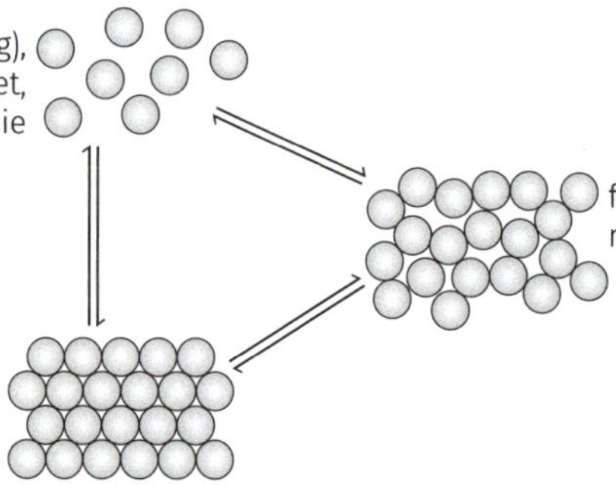

Aggregatzustände und Entropie

Prinzipien für Ablauf einer chemischen Reaktion

- Prinzip des **Energieminimums**:
  Reaktion läuft freiwillig ab, wenn Energie des Systems abnimmt
- Prinzip der **maximalen Unordnung**:
  Reaktion läuft freiwillig ab, wenn Ordnungszustand des Systems abnimmt ⇒ Maß für Ordnungszustand = Entropie S
  $S = k \cdot \ln W$
  (k = BOLTZMANN-Konstante = $1{,}38 \cdot 10^{-23}\,\text{J/K}$, thermodynamische Wahrscheinlichkeit)
- **molare Standardreaktionsentropie** $\Delta_R S_m^0$
  $\Delta_R S > 0$: Entropiezunahme
  $\Delta_R S < 0$: Entropieabnahme

2. HAUPTSATZ DER THERMODYNAMIK

- beschreibt die Richtung der Energieumwandlung
- wahrscheinlichster Zustand ist der Zustand größter Entropie
- ohne das Verrichten von Arbeit kann keine Wärme von einem Bereich niedrigerer zu einem Bereich höherer Temperatur übertragen werden
- für spontan ablaufende Reaktionen gilt:
  $\Delta S_{gesamt} = \Delta S_{System} + \Delta S_{Umgebung}$
  $\Delta S_{gesamt} > 0$

Verknüpfung von Entropie und Enthalpie

Freie Enthalpie *G*

GIBBS-HELMHOLTZ-Gleichung $\Delta G = \Delta H - T \cdot \Delta S$

- $\Delta_R G < 0$: Reaktion läuft spontan ab – exergonisch
- $\Delta_R G > 0$: Reaktion läuft nicht spontan ab – endergonisch
- $\Delta_R G = 0$: es liegt ein Gleichgewicht vor

ZENTRALE BEGRIFFE

→ Reaktion läuft freiwillig ab, wenn ΔG negativ ist
→ günstig nach Prinzip des Energieminimums: $\Delta H < 0$
→ günstig nach Prinzip des Entropiemaximums: $\Delta S > 0$

- Enthalpie *H* ist verknüpft mit den Begriffen exotherm/endotherm
- Freie Enthalpie *G* ist verknüpft mit den Begriffen exergonisch/endergonisch

Enthalpieänderung ΔH	Entropieänderung ΔS	T	Freie Enthalpieänderung $\Delta G = \Delta H - T \cdot \Delta S$
≤ 0 exotherm	≥ 0 Zunahme	klein groß	≤ 0 exergonisch ≤ 0 exergonisch
≤ 0 exotherm	≤ 0 Abnahme	klein groß	≤ 0 exergonisch ≥ 0 endergonisch
≥ 0 endotherm	≤ 0 Abnahme	klein groß	≥ 0 endergonisch ≥ 0 endergonisch
≥ 0 endotherm	≥ 0 Zunahme	klein groß	≥ 0 endergonisch ≤ 0 exergonisch

ENERGIE BEI CHEMISCHEN REAKTIONEN — Checkliste

Das sollten Sie jetzt sicher beherrschen:

→ mit der Reaktionsenthalpie arbeiten können
→ die Entropie und die Enthalpie in Zusammenhang stellen können
→ exergonische und endergonische Reaktionen erkennen

4

REAKTIONS-GESCHWINDIGKEIT

Grundlagen

Definition der Reaktionsgeschwindigkeit

Die **Reaktionsgeschwindigkeit** ist der Quotient aus dem Betrag der Konzentrationsänderung eines Stoffes in dem dazugehörigen Zeitintervall:
$v = \frac{\Delta c}{\Delta t}$ Bei Gasen: $v = \frac{\Delta V}{\Delta t}$

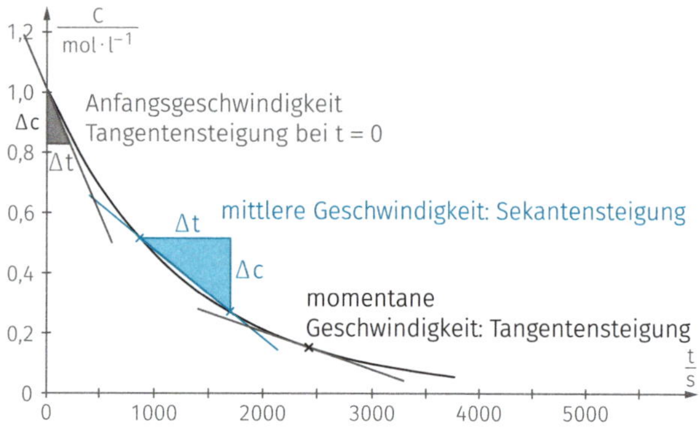

Grafische Bestimmung der Reaktionsgeschwindigkeit

- Die Reaktionsgeschwindigkeit ändert sich im Lauf der Reaktion.
- momentane Reaktionsgeschwindigkeit: $\Delta t \rightarrow 0$ Tangentensteigung
- mittlere Reaktionsgeschwindigkeit: $\frac{\Delta c}{\Delta t}$ Sekantensteigung
- Anfangsgeschwindigkeit: $t = 0$ Tangentensteigung

Stoßtheorie

- Annahme: Teilchen sind Kugeln.
- Teilchen müssen für Reaktion zusammenstoßen.
- Die Reaktion findet nur unter bestimmten Vorraussetzungen statt:
  - Teilchen müssen die erforderliche Mindestenergie besitzen.
  - Teilchen haben die richtige räumliche Orientierung.

Abhängigkeit der Reaktionsgeschwindigkeit

Abhängigkeit vom Zerteilungsgrad

- Reaktanten mit unterschiedlichen Phasen
- größere Oberfläche → größere Phasengrenzfläche

→ Reaktionsgeschwindigkeit nimmt mit zunehmendem Zerteilungsgrad zu

Abhängigkeit von der Konzentration

- höhere Teilchenzahl → erhöhte Stoßwahrscheinlichkeit
- $v \approx c$
- $v = k \cdot c$
- k = Proportionalitätskonstante (charakteristisch für bestimmte Temperatur)
- für zwei Stoffe gilt: $v = k \cdot c(\mathrm{A}) \cdot c(\mathrm{B})$

→ Reaktionsgeschwindigkeit steigt mit zunehmender Konzentration

Abhängigkeit von der Temperatur

- höhere Temperatur → mehr Teilchen mit nötiger Mindestenergie
- Energieverteilung nach BOLTZMANN: $E_{\mathrm{kin}} = \frac{1}{2} m \cdot v^2$
- Aktivierungsenergie E_A ist nötig, um Stoff in reaktionsfähigen Zustand (Übergangszustand) zu bringen

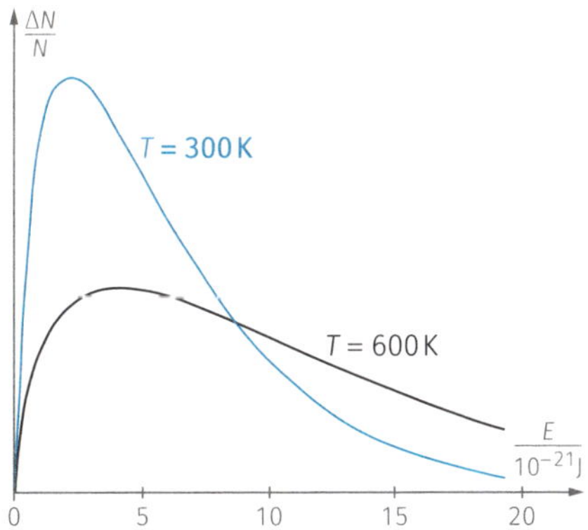

→ **RGT-Regel** (Reaktions-Geschwindigkeit-Temperatur-Regel): Temperaturerhöhung um 10 K ⇒ Verdopplung bis Vervierfachung der Reaktionsgeschwindigkeit

Katalysatoren

Definition

EIN KATALYSATOR

- senkt die Aktivierungsenergie,
- erhöht die Reaktionsgeschwindigkeit
- und liegt am Ende der Reaktion wieder in seinem Ausgangszustand vor.
- Biokatalysatoren = Enzyme (Proteine)

Unterscheidung
positive Katalyse: Katalysator senkt Aktivierungsenergie,
negative Katalyse: Katalysator erhöht die Aktivierungsenergie

Funktionssteigerung
Je größer die Oberfläche des Katalysators ist, desto mehr Teilchen können an ihm reagieren und desto effektiver läuft die Reaktion ab. Katalysatoren werden daher gerne als feines Pulver auf einem Trägermaterial, als Granulat oder dünnes Gitter eingesetzt.

Funktionsverlust
- Anlagerung von Fremdmolekülen an reaktive Stellen
- Katalysatorgifte zerstören den Katalysator dauerhaft, z. B. Blei beim Autoabgaskatalysator

Arten von Katalyse

heterogene Katalyse	homogene Katalyse
Katalysator und Edukte in verschiedenen Aggregatzuständen	Katalysator und Edukte in gleicher Phase
$2\ H_2\ (g) + O_2\ (g) \xrightarrow{Pt\ (s)} 2\ H_2O\ (g)$	$2\ H_2O_2\ (aq) \xrightarrow{I^-\ (aq)} 2\ H_2O\ (l) + O_2\ (g)$

Enzyme

Wirkungsweise

- Schlüssel-Schloss-Prinzip
- Enzym + Substrat → Enzym-Substrat-Komplex → Enzym + Produkt
- erweiterte Vorstellung: Induced-fit-Modell (Substratanlagerung führt zu Konformationsänderung)
- substratspezifisch (Gruppenspezifität ↔ absolute Spezifität)
- wirkungsspezifisch

Bildung eines Enzym-Substrat-Komplexes

Schlüssel-Schloss-Modell:

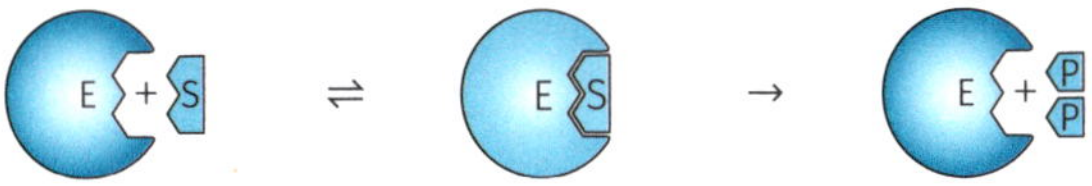

Enzym + Substrat ⇌ Enzym-Substrat-Komplex → Enzym + Produkte

Induced-fit-Modell:

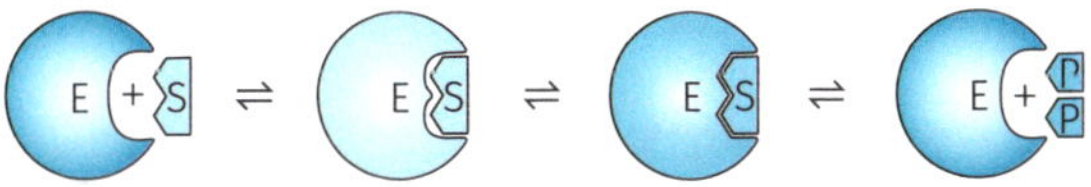

Enzymaktivität

Faktor	Begründung	Kurvenverlauf
Temperatur-Abhängigkeit	RGT-Regel: Denaturierung der Eiweißstruktur bei hoher Temperatur	erst exponentieller Anstieg, dann rasches Absinken

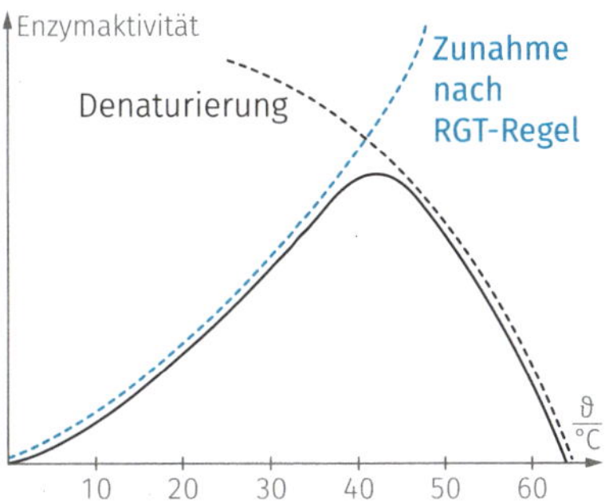

Faktor	Begründung	Kurvenverlauf
pH-Wert-Abhängigkeit	optimales Arbeiten bei bestimmtem pH-Wert, Säure-/Basen-Denaturierung der Eiweiße	Optimumskurve

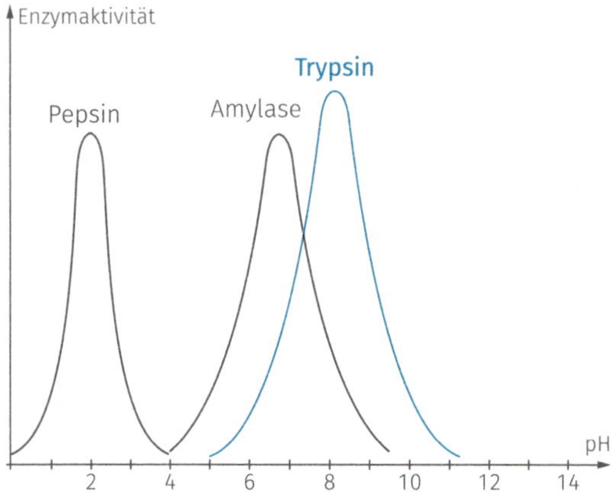

Faktor	Begründung	Kurvenverlauf
Konzentrations-Abhängigkeit	Je mehr Substrat, desto höher die Treffwahrscheinlichkeit, irgendwann sind alle Enzyme besetzt	Sättigungskurve

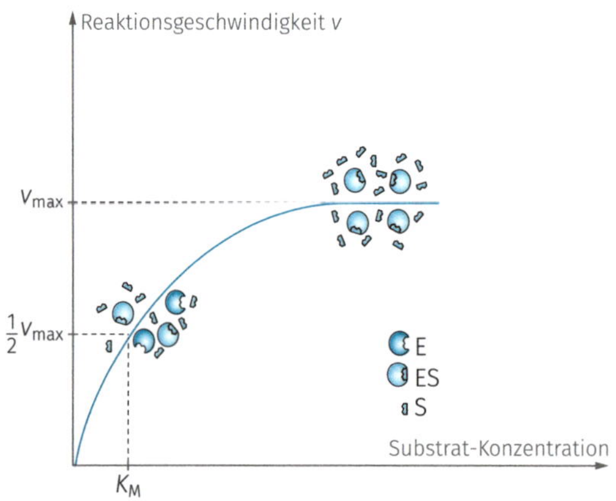

Charakterisierung von Enzymen

Michaelis-Menten-Mechanismus:

- Abhängigkeit der Enzymaktivität von der Substratkonzentration → Sättigungskurve
- v_{max} → Sättigung ist erreicht (exakter Wert schwer zu ermitteln)
- $\frac{1}{2} v_{max}$ leicht zu bestimmen
- Substratkonzentration bei halbmaximaler Geschwindigkeit: K_M-Wert = Michaelis-Konstante (ca. 10^{-2} bis 10^{-6} mol/l)
- Je kleiner K_M, desto höher die Substrataffinität des Enzyms

Wechselzahl

- Maximale Anzahl der pro Sekunde an einem Enzymmolekül umgesetzten Substratmoleküle $\left(0{,}5\frac{1}{s} \text{ bis } 10\,000\,000\frac{1}{s}\right)$

Enzymregulation

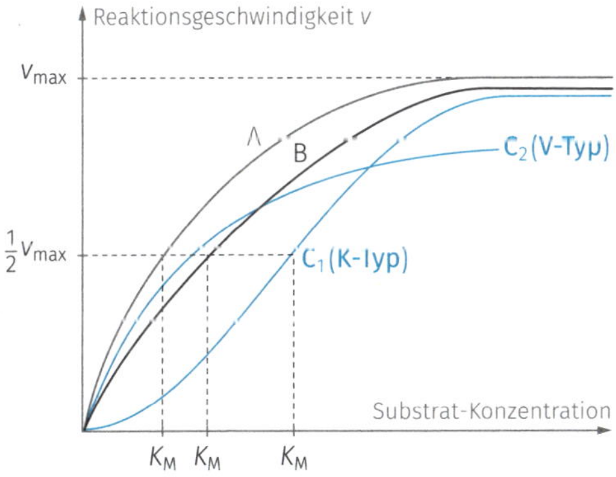

Kompetitive Hemmung

- reversibel
- Ein dem Substrat ähnlicher Hemmstoff bindet an das aktive Zentrum, wird aber nicht umgesetzt.
- Durch Erhöhung der Substratkonzentration kann v_{max} erreicht werden.

Allosterische Hemmung

- reversibel
- Enzym mit allosterischem Zentrum ≠ aktives Zentrum
- Bindung des Hemmstoffs am allosterischen Zentrum führt zu Konformationsänderung am aktiven Zentrum:
  → Hemmstoff: Substratbindung erschwert/unmöglich
  → Aktivator: Substratbindung erleichtert

- K-Typ: Substrat-Molekül wird schlechter gebunden
  → Affinität Enzym-Substrat geringer
  → K_M verändert sich
- V-Typ: Substratmolekül wird langsamer umgesetzt, v_{max} ändert sich bei gleichbleibendem K_M-Wert
- Beispiel für allosterische Regulation = Endprodukthemmung

Irreversible Hemmung

- kann nicht rückgängig gemacht werden
- Schwermetall-Ionen binden dauerhaft an die Amino-/Carboxy-Gruppen

Abi Tipp

ENZYME ALS BIOKATALYSATOREN

Enzyme werden gerne in Prüfungen gefragt, da man hier sowohl auf die Proteinstruktur, die Funktionsweise als auch auf die Reaktionsgeschwindigkeit eingehen kann.

Auch das Auswerten von Kurven, z. B. bei der Abhängigkeit von verschiedenen Faktoren oder bei der Hemmung kann hier gut geprüft werden.

REAKTIONSGESCHWINDIGKEIT — Checkliste

Das sollten Sie jetzt sicher beherrschen:

→ die Reaktionsgeschwindigkeit definieren können
→ die Abhängigkeit der Reaktionsgeschwindigkeit auch mit der Stoßtheorie erklären können
→ Arten von Katalyse kennen
→ eine Modellvorstellung von der Enzymreaktion haben
→ Möglichkeiten der Enzymregulation kennen und grafisch auswerten können

DAS CHEMISCHE GLEICHGEWICHT

Reversible Reaktionen

Viele chemische Reaktionen sind umkehrbar/reversibel.
Man schreibt die exotherme Reaktion meist von links nach rechts, die endotherme von rechts nach links.

Bei manchen chemischen Reaktionen stellt sich ein **chemisches Gleichgewicht** ein.
Dafür gilt:

- ständig ablaufende Hin-und Rückreaktion
  → dynamisches Gleichgewicht
- gleichbleibende Stoffmengenverhältnisse von Edukten und Produkten
- $v_{Hin} = v_{Rück}$
- Voraussetzung: geschlossenes System
- konstanter Druck und konstante Temperatur

Beispiel:
Verlauf der Konzentrationen von H_2 und I_2 bzw. von HI

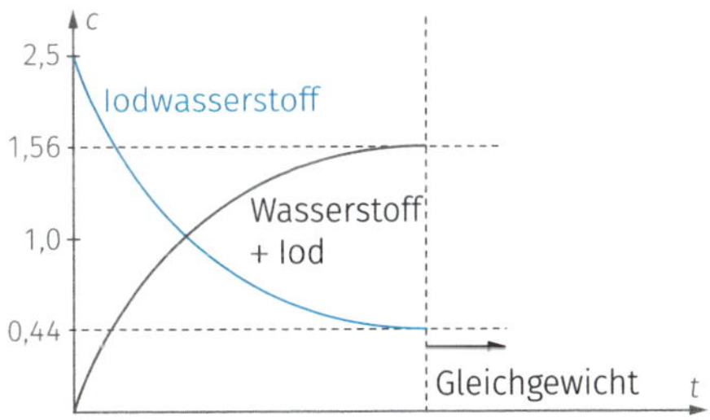

Verlauf der Geschwindigkeiten $v(\text{hin}) = v(\text{rück})$

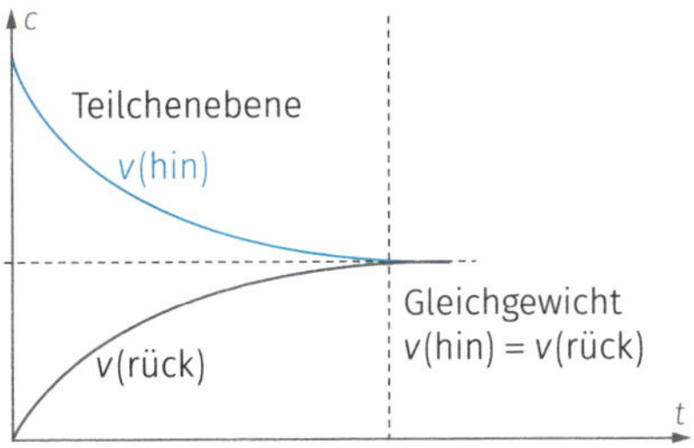

Beeinflussung der Lage des chemischen Gleichgewichts

- Äußere Faktoren beeinflussen Lage des chemischen Gleichgewichtes.
- **Prinzip von Le Chatelier**: System weicht dem ausgeübten Zwang aus.
- Lage des chemischen Gleichgewichts ändert sich.

TEMPERATURABHÄNGIGKEIT

- Temperaturerhöhung führt zu Bevorzugung der *endothermen* Reaktion.
- Temperaturerniedrigung führt zu Bevorzugung der *exothermen* Reaktion.

→ Beispiel: $2\,NO_2\,(g) \underset{\text{Temperaturerhöhung}}{\overset{\text{Temperaturerniedrigung}}{\rightleftharpoons}} N_2O_4\,(g)$

DRUCKABHÄNGIGKEIT

- hat nur Auswirkung, wenn Teilchenvolumina von Edukten und Produkten unterschiedlich sind.
- Druckerhöhung führt zu Bevorzugung der Reaktion, bei der *weniger* Teilchenvolumina entstehen.
- Druckerniedrigung führt zu Bevorzugung der Reaktion, bei der *mehr* Teilchenvolumina entstehen.

→ Beispiel: $N_2O_4\,(g) \underset{\text{Druckerhöhung}}{\overset{\text{Druckerniedrigung}}{\rightleftharpoons}} 2\,NO_2\,(g)$

KONZENTRATIONSABHÄNGIGKEIT

- Erhöhung der Konzentration eines Eduktes oder Produktes führt zur Bevorzugung der Reaktion, die diesen Stoff *verbraucht*.
- Erniedrigung der Konzentration eines Eduktes oder Produktes führt zur Bevorzugung der Reaktion, die diesen Stoff *nachbildet*.

→ Beispiel: Estersynthese
Carbonsäure + Alkohol ⇌ Ester + Wasser
Wasserentzug und Zugabe von Carbonsäure und Alkohol führt zu verstärkter Esterbildung.

Abi-Tipp

Das Haber-Bosch-Verfahren

Anwendung findet das Prinzip von Le Chatelier z. B. in der großtechnischen Synthese von Ammoniak. Beim Haber-Bosch-Verfahren wird aus Stickstoff und Wasserstoff Ammoniak hergestellt.

$N_2 + 3\,H_2 \rightleftharpoons 2\,NH_3$

Die Ammoniakbildung wird bevorzugt durch:

- möglichst hohen Druck
- möglichst niedrige Temperatur (Katalysatoreinsatz)
- ständige Produktentnahme oder Eduktzufuhr

Das Massenwirkungsgesetz

Guldberg und Waage beschrieben 1867 die quantitative Betrachtung des chemischen Gleichgewichts.

Massenwirkungsgesetz (MWG)

$$aA + bB \leftrightharpoons cC + dD \Rightarrow K = \frac{c^c(C) \cdot c^d(D)}{c^a(A) \cdot c^b(B)}$$

- Gleichgewicht bei konstanter Temperatur
- homogenes System
- geschlossenes System
- Quotient aus Produkt der Produktkonzentrationen und Produkt der Eduktkonzentration ist konstant
- Koeffizienten als Hochzahlen
- gasförmige Stoffe: Partialdruck statt Konzentration

Gleichgewichtskonstante *K*

- $K = 1$: Konzentration Edukte = Konzentration Produkte
- $K < 1$: Gleichgewicht liegt auf Eduktseite
- $K > 1$: Gleichgewicht liegt auf Produktseite

Zum Massenwirkungsgesetz gibt es im Abitur immer auch Rechenaufgaben.

Übungsbeispiel 1: Berechnen der Produktstoffmenge

Brechnen Sie die Stoffmenge an Ester, die man im Gleichgewicht erhält, wenn man von 6 mol Ethanol (Alkohol) und 2 mol Essigsäure (Ethansäure) ausgeht.
Die Gleichgewichts-Konstante K_c beträgt 4.

Lösung:

Reaktionsschema:

1 Ethansäure + 1 Ethanol $\rightleftharpoons$ 1 Ethansäureethylester + 1 Wasser

Ausgangsstoffmenge:

2 mol + 6 mol $\rightleftharpoons$ 0 mol + 0 mol

Stoffmengen im Gleichgewicht:

$(2\,\text{mol} - x) + (6\,\text{mol} - x) \rightleftharpoons x\,\text{mol} + x\,\text{mol}$

Das MWG aufstellen und die Werte einsetzen,
Lösungsformel („Mitternachtsformel" für quadratische Gleichungen) anwenden:

$$K_c = \frac{c(E)\cdot c(W)}{c(A)\cdot c(S)} = \frac{x^2}{(6-x)\cdot(2-x)} = \frac{x^2}{x^2 - 6x - 2x + 12} = \frac{x^2}{x^2 - 8x + 12} = 4$$

$$4(x^2 - 8x + 12) = x^2$$

$$4x^2 - 32x + 48 = 0$$

$$ax^2 + bx + c = 0$$

$$x_{1,2} = \frac{-b \pm \sqrt{b^2 - 4ac}}{2a} \Rightarrow x_1 = 1{,}806\,\text{mol}; \quad x_2 = 8{,}86\,\text{mol}$$

Es ist nur der Wert für $x_1 = 1{,}806$ mol Ester möglich, da bei 2 mol eingesetzter Ethansäure bei vollständiger Umsetzung maximal 2 mol Ester entstehen können. Im GG-Zustand liegen 1,806 mol Ester vor.

Übungsbeispiel 2: Berechnung der Gleichgewichtskonstanten

Man setzt 1 mol Ethanol mit 0,5 mol Essigsäure um und erhält im Gleichgewichts-Zustand 0,42 mol Essigsäureethylester.
Berechnen Sie die Gleichgewichts-Konstante K_c.

Lösung:

Reaktionsschema:

1 Ethansäure + 1 Ethanol $\rightleftharpoons$ 1 Ethansäureethylester + 1 Wasser

Ausgangsstoffmenge:

0,5 mol + 1 mol $\rightleftharpoons$ 0 mol + 0 mol

Stoffmengen im Gleichgewicht:

(0,5 mol – 0,42 mol) + (1 mol – 0,42 mol) $\rightleftharpoons$ 0,42 mol + 0,42 mol

MWG aufstellen und die Werte einsetzen:

$$K_c = \frac{c(E)\cdot c(W)}{c(A)\cdot c(S)} = \frac{0{,}42\,\text{mol}\cdot 0{,}42\,\text{mol}}{0{,}58\,\text{mol}\cdot 0{,}08\,\text{mol}} = 3{,}8$$

Ergebnis: Die GG-Konstante K_c beträgt 3,8.

Löslichkeitsprodukt

- Löslichkeitsgleichgewicht = dynamisches Gleichgewicht
- gesättigte Lösung: Bodensatz und gelöste Ionen im Gleichgewicht
- d. h. genauso viele Ionen gehen in Lösung, wie parallel dazu auskristallisieren
- Löslichkeitsgleichgewicht nur abhängig von Temperatur

Löslichkeitsprodukt K_L als Ausdruck des MWG

sehr große Feststoffkonzentration

⇒ als konstant angenommen

⇒ Wert 1 im MWG

Löslichkeitsprodukt = Produkt der Ionenkonzentrationen

Beispiel Silberbromid:

$K_L = c(Ag^+) \cdot c(Br^-)$

pK_L = negativer dekadischer Logarithmus des Zahlenwertes von K_L

Salz	AgCl	AgBr	AgI	$CaSO_4$	$BaSO_4$	$PbSO_4$	Ag_2S
pK_L	9,7	12,3	16,1	4,6	10,0	7,8	50,1

Salz	CuS	ZnS	FeS	$Mg(OH)_2$	$Ca(OH)_2$	$Fe(OH)_2$	$Fe(OH)_3$
pK_L	36,1	24,7	18,1	11,2	5,4	18,1	38,8

LÖSLICHKEIT VON SALZEN

Je kleiner der Wert von K_L und je größer der von pK_L, desto geringer ist die Ionenkonzentration, desto schwerer ist das Salz löslich.

K_L- bzw. pK_L-Werte kann man entsprechenden Tabellen entnehmen.

Vergleichbar sind nur Salze vom jeweils gleichen Formeltyp (AB, A_2B, AB_3, ...).

DAS CHEMISCHE GLEICHGEWICHT — Checkliste

Das sollten Sie jetzt sicher beherrschen:

→ das Prinzip von LE CHATELIER anwenden können

→ mit dem Massenwirkungsgesetz rechnen und arbeiten können

→ das Löslichkeitsprodukt verstanden haben

6

SÄUREN UND BASEN

Reaktionen mit Protonenübergang

Säure-Base-Begriff nach BRÖNSTED

Säure-Base-Reaktionen sind nach BRÖNSTED Reaktionen mit Protonenübergang. Sie sind **Gleichgewichtsreaktionen**.

ZENTRALE BEGRIFFE

- **Säure**: Protonendonator
- **Base**: Protonenakzeptor
- **Ampholyt**: sowohl Protonenakzeptor als auch -donator
- **Protolysereaktion**: Reaktion, bei der ein Proton von einer Säure auf eine Base übergeht
- **korrespondierendes Säure-Base-Paar**: geht durch Protonenaufnahme/-abgabe ineinander über (HCl/Cl^-)

Die Neutralisationsreaktion

Reagiert eine Säure mit einer Base in adäquaten Mengen so neutralisieren sich beide, d.h. es entsteht ein Salz und Wasser, da alle Protonen der Säure abgegeben und von der Base aufgenommen wurden.
(Ausnahme: Ammoniak als Base → nur Salz entsteht)

Beispiel:
$H_2SO_4 + 2\ KOH \rightarrow K_2SO_4 + 2\ H_2O$
$HNO_3 + NH_3 \rightarrow NH_4NO_3$

Abi Tipp

GRUNDLAGENWISSEN

→ Namen und Formeln von Säuren und Basen müssen wie Vokabeln gelernt werden.
→ Achtung: Protolyse einer Säure heißt in der Regel die Reaktion mit Wasser, Neutralisation ist die Reaktion einer Säure mit einer Base.

Name der Säure		Name der korrespondieren Base	
Molekülformel	**Strukturformel**	**Molekülformel**	**Strukturformel**
Salzsäure HCl	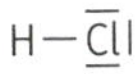	Chlorid-Ion Cl^-	
Salpetersäure HNO_3	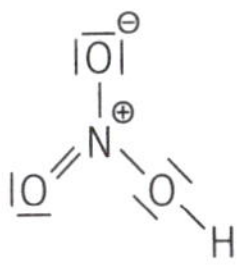	Nitrat-Ion NO_3^-	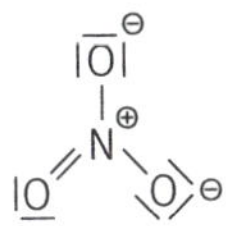
Salpetrige Säure HNO_2	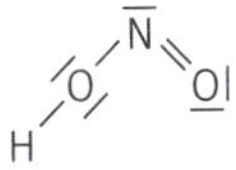	Nitrit-Ion NO_2^-	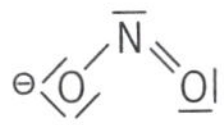
Schwefelsäure H_2SO_4	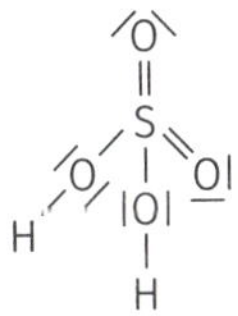	Hydrogensulfat-Ion HSO_4^-	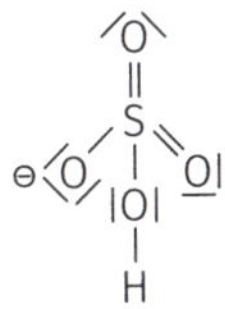
Schwefelsäure H_2SO_4		Sulfat-Ion SO_4^{2-}	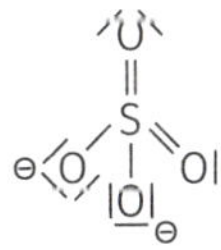
Schwefelige Säure H_2SO_3	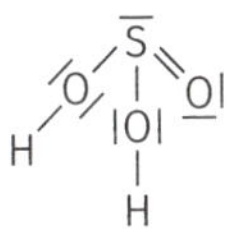	Hydrogensulfit-Ion HSO_3^-	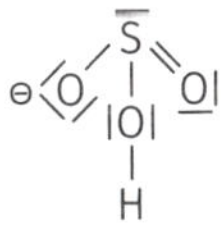
Schwefelige Säure H_2SO_3		Sulfit-Ion SO_3^{2-}	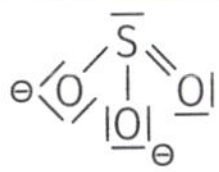
Kohlensäure H_2CO_3	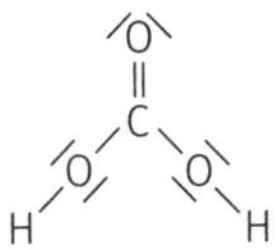	Hydrogencarbonat-Ion HCO_3^-	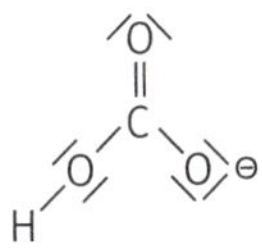
		Carbonat-Ion CO_3^{2-}	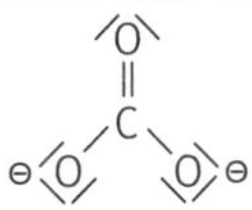

Name der Säure		Name der korrespondieren Base	
Molekülformel	**Strukturformel**	**Molekülformel**	**Strukturformel**
Phosphorsäure H_3PO_4	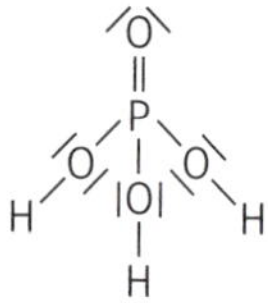	Dihydrogen-phosphat-Ion $H_2PO_4^-$	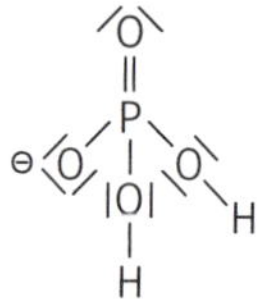
		Hydrogenphos-phat-Ion HPO_4^{2-}	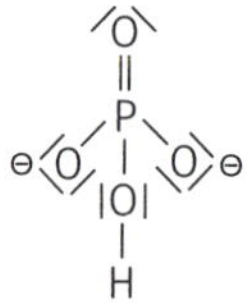
		Phosphat-Ion PO_4^{3-}	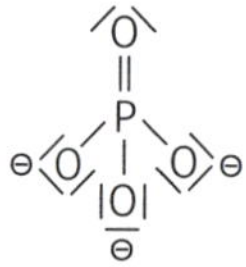

Name der Base		Name der korrespondieren Säure	
Molekülformel	**Strukturformel**	**Molekülformel**	**Strukturformel**
Natriumhydroxid (Hydroxid-Ion) NaOH	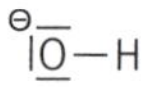	Wasser H_2O	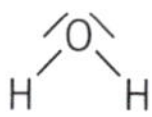
Kaliumhydroxid (Hydroxid-Ion) KOH	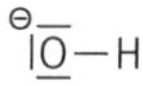		
Barytwasser $Ba(OH)_2$	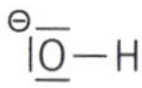		
Kalkwasser $Ca(OH)_2$	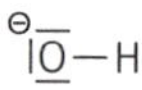		
Ammoniak NH_3	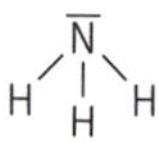	Ammonium-Ion NH_4^+	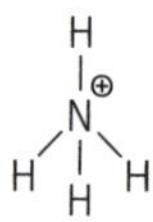

Der pH-Wert

Durch Messung des pH-Wertes kann man erkennen, ob eine Lösung sauer, basisch oder neutral reagiert.

Herleitung des Ionenprodukts des Wassers:
$K_W = c(H_3O^+) \cdot c(OH^-) = 10^{-14}\,mol^2/l^2$

Definition
Der **pH-Wert** ist der negative dekadische Logarithmus des Zahlenwertes der Oxonium-Ionen-Konzentration.
$pH = -\lg c(H_3O^+)$ bzw. $c(H_3O^+) = 10^{-pH}$ $\left(\text{Einheit } c(H_3O^+): \frac{mol}{l}\right)$
Entsprechend gilt für den pOH-Wert
$pOH = -\lg c(OH^-)$ bzw. $c(OH^-) = 10^{-pOH}$ $\left(\text{Einheit } c(OH^-): \frac{mol}{l}\right)$
Es gilt: $pH + pOH = pK_W = 14$

Lösung	sauer	neutral	alkalisch basisch
pH-Wert	< 7	$= 7$	> 7
pOH-Wert	> 7	$= 7$	< 7
Konzentration Oxonium-Ionen	$> 10^{-7}\,\frac{mol}{l}$	$= 10^{-7}\,\frac{mol}{l}$	$< 10^{-7}\,\frac{mol}{l}$

Die pH-Skala reicht von 0 (sehr sauer) bis 14 (sehr alkalisch).

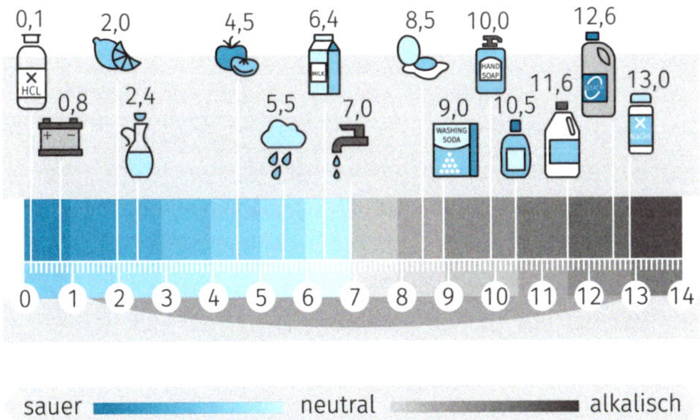

Durch Verdünnung einer sauren oder alkalischen Lösung ändert sich die Konzentration der Oxonium-/Hydroxid-Ionen (gleiche Stoffmenge an Ionen in größerem Volumen) und damit auch der pH-/pOH-Wert.

In der Tabelle sieht man, dass 1 ml Säure mit dem pH = 1 mit 1000 l Wasser verdünnt werden muss, damit man eine neutrale Lösung erhält.

Saure Vergleichslösung	**pH-Wert**
unverdünnt	1
10 fach verdünnt	2
100 fach verdünnt	3
1.000 fach verdünnt	4
10.000 fach verdünnt	5
100.000 fach verdünnt	6
1.000.000 fach verdünnt	7

Die Stärke von Säuren und Basen

Der pK_S- und der pK_B-Wert

Man nimmt die Säurekonstante K_S bzw. die Basenkonstante K_B als Maß für die Stärke einer Säure bzw. Base.

Herleitung K_S-Wert	**Herleitung K_B-Wert**
HA = Säure	B = Base
$HA(aq) + H_2O(l)$ $\rightleftharpoons H_3O^+(aq) + A^-(aq)$	$B(aq) + H_2O(l)$ $\rightleftharpoons HB^+(aq) + OH^-(aq)$
$K_S = \frac{c(A^-) \cdot c(H_3O^+)}{c(HA)}$ $c(H_2O)$ = konstant = in K_S enthalten	$K_B = \frac{c(OH^-) \cdot c(HB^+)}{c(B)}$ $c(H_2O)$ = konstant = in K_B enthalten
Je größer K_S, umso mehr Protonen werden abgegeben und umso mehr Oxonium-Ionen liegen vor. Gleichgewicht liegt rechts.	Je größer K_B, umso mehr Protonen werden aufgenommen und umso mehr Hydroxid Ionen liegen vor. Gleichgewicht liegt rechts.
$pK_S = -\lg K_S$	$pK_B = -\lg K_B$
Je kleiner pK_S, umso mehr Protonen werden abgegeben.	Je kleiner pK_B, umso mehr Protonen werden aufgenommen.

Korrespondierendes Säure-Base-Paar:
$pK_S(HA) + pK_B(A^-) = 14$
Beispiel: $pK_S(NH_4^+) + pK_B(NH_3) = 9{,}37 + 4{,}63 = 14$

Einteilung der Säure-/Basenstärke

pK_S/pK_B	Säure-/Basenstärke
≤ 0	sehr stark
0 bis 4	mittelstark
4 bis 10	schwach
≥ 10	sehr schwach

Je größer die Differenz zwischen pK_S (HA) und pK_S (HB^+) bei einer Gleichgewichtsreaktion ist, desto stärker ist das Gleichgewicht in Richtung des Teilchens mit dem größeren pK-Wert verschoben.

Salze bestehen aus Ionen, die z. T. selbst BRÖNSTED-Säuren oder -Basen sind. In Salzlösungen bilden sie daher Oxonium- oder Hydroxid-Ionen, je nachdem ob sie korrespondierende Teilchen einer schwachen Base oder einer schwachen Säure sind.
NH_4Cl reagiert sauer:
$NH_4^+ + H_2O \rightleftharpoons NH_3 + H_3O^+$
$NaCH_3COO$ reagiert alkalisch:
$CH_3COO^- + H_2O \rightleftharpoons CH_3COOH + OH^-$

SÄURESTÄRKE ORGANISCHER SÄUREN

Die Säurestärke bei organischen Säuren hängt von mehreren Faktoren ab:

- Ein Proton löst sich leicht, wenn das entstehende Säure-Anion mesomeriestabilisiert ist.
- Elektronenziehende Substituenten verstärken die Polarität der Bindung zum Wasserstoff und erleichtern die Protonenabgabe.

Die Bestimmung des pH-Wertes

Berechnung des pH-Wertes

Starke Säuren und Basen

- in Lösung vollständig dissoziiert
- Ausgangskonzentration Säure = Konzentration Oxonium-Ionen
- $pH = -\lg c(H_3O^+)$
- Ausgangskonzentration Base = Konzentration Hydroxid-Ionen
- $pOH = -\lg c(OH^-)$

Schwache Säuren und Basen

- in Lösung *nicht* vollständig dissoziiert
- Einstellung eines dynamischen Gleichgewichtes
- Anwendung des Massenwirkungsgesetzes unter Einbezug von pK_S- und pK_B-Wert
- $pH = \frac{1}{2}(pK_S - \lg c(\text{Säure}))$
- $pOH = \frac{1}{2}(pK_B - \lg c(\text{Base}))$

Bei mehrprotonigen Säuren gibt es für jeden Protolyseschritt einen eigenen pK_S-Wert.

Beispiel: **Protolyseschritte der dreiprotonigen Phosphorsäure**

$H_3PO_4 + H_2O \leftrightharpoons H_2PO_4^- + H_3O^+$	$K_{S1} = 7{,}4 \cdot 10^{-3}$	$pK_{S1} = 2{,}13$
$H_2PO_4^- + H_2O \leftrightharpoons HPO_4^{2-} + H_3O^+$	$K_{S2} = 6{,}3 \cdot 10^{-8}$	$pK_{S2} = 7{,}20$
$HPO_4^{2-} + H_2O \leftrightharpoons PO_4^{3-} + H_3O^+$	$K_{S3} = 4{,}4 \cdot 10^{-13}$	$pK_{S3} = 12{,}36$

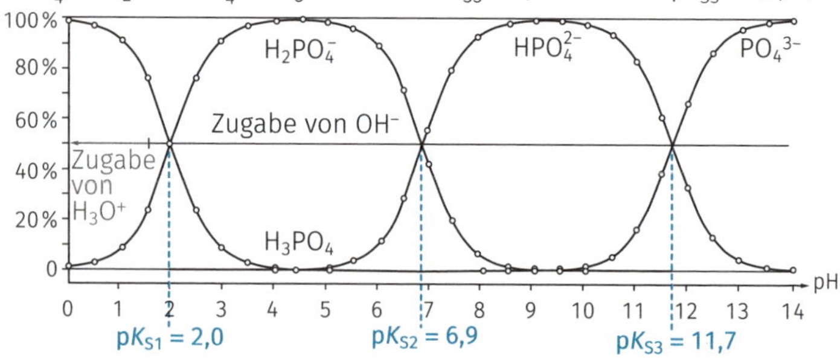

Indikatoren

- Indikatoren zeigen durch bestimmte Farben den pH-Wert einer Lösung an.
- HInd = Indikatorsäure mit Farbe 1,
  Ind^- = korrespondierende Base mit Farbe 2
- $HInd(aq) + H_2O(l) \rightleftharpoons H_3O^+(aq) + Ind^-(aq)$
- Umschlagspunkt Farbe 1/2: $pH = pK_S$
  → Mischfarbe aus Farbe 1 und 2
- Umschlagsbereich eines Indikators: $pH = pK_S \pm 1$
- Achtung: Der Umschlagspunkt muss *nicht* der Neutralpunkt sein!

Übersicht Indikatoren

Indikator	Farbe Indikatorsäure	Farbe Indikatorbase	pK_S-Wert
Methylorange	rot	orange	4,0
Methylrot	rot	gelb	5,8
Lackmus	rot	blau	6,8
Bromthymolblau	gelb	blau	7,1
Phenolphthalein	farblos	pink	8,4

Pufferlösungen

Definition

Eine Pufferlösung ist eine wässrige Lösung, deren pH-Wert sich bei Zugabe geringer Mengen Säure oder Base oder bei Verdünnung nur unwesentlich ändert.

Pufferlösungen

- Pufferlösungen bestehen meist aus einer schwachen Säure (pK_S 4 bis 10) und ihrer korrespondierenden Base (pK_B 4 bis 10).
- Beispiel: Essigsäure/Acetat-Puffer (CH_3COOH / CH_3COO^-) im Verhältnis 1:1
- Für schwache Säuren/Basen gilt, dass die Ausgangskonzentration an Säure HA und korrespondierender Base A^- ungefähr der Gleichgewichtskonzentration entspricht.
- **Puffergleichung** nach HENDERSON-HASSELBALCH: $pH = pK_S - \frac{\lg c_0(A^-)}{c_0(HA)}$
- Bei gleichen Stoffmengen von Säure/korrespondierender Base gilt: $c_0(HA) = c_0(A^-) \rightarrow pH = pK_S$
- **Pufferkapazität** = Menge an Säure und Base, die zugesetzt werden kann, ohne dass sich der pH-Wert wesentlich ändert → abhängig von der Stoffmenge der gelösten Säure/korrespondierenden Base

Beispiel für eine Pufferlösung
Ammoniumchlorid/Ammoniak-Puffer (NH_4Cl / NH_3 im Verhältnis 1:1);
$pH = pK_S(NH_4^+) = 9{,}2$
bei Säurezugabe: $NH_3 + H_3O^+ \rightleftharpoons NH_4^+ + H_2O$
bei Basenzugabe: $NH_4^+ + OH^- \rightleftharpoons NH_3 + H_2O$

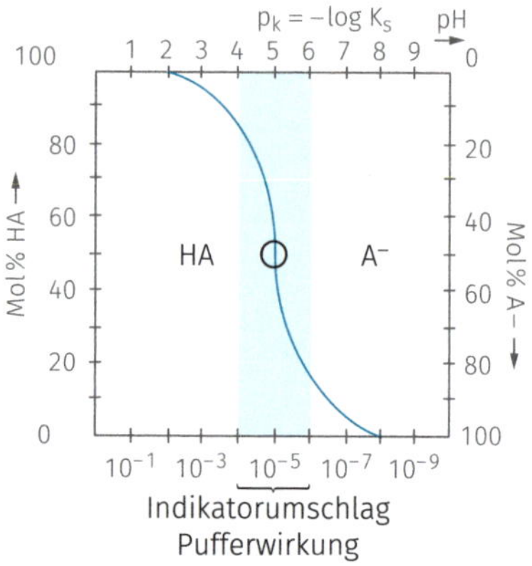

Pufferkurve allgemein am Beispiel HA/A⁻ mit $pK_S = 5$

Zum Thema Säuren und Basen gibt es immer Aufgaben im Abitur.
Mit den folgenden Übungen können Sie sich testen.

Übungsbeispiel 1: Rechnen mit schwachen Säuren und Basen

Eine Blausäurelösung ($pK_S(HCN) = 9{,}4$) liegt mit einer Konzentration von 0,55 mol/l vor. Berechnen Sie den pH-Wert der Lösung.

Lösung:

$pH = \frac{1}{2}[pK_S - \lg c(HCN)] = \frac{1}{2}(9{,}4 - \lg 0{,}55) = \frac{1}{2}(9{,}4 + 0{,}26) = 4{,}83$

Übungsbeispiel 2: Rechnen mit starken Säuren und Basen

a) Die Konzentration einer Kalilauge beträgt 0,5 mol/l. Berechnen Sie den pH-Wert.
b) Berechnen Sie den pH-Wert von Salzsäure mit der Konzentration 0,01 mol/l.

Lösung:

a) $c(KOH) = c(OH^-) = 0{,}5$ mol/l
$pOH = -\lg 0{,}5 = 0{,}3 \Rightarrow pH = 14 - pOH = 14 - 0{,}3 = 13{,}7$
b) $c(HCl) = c(H_3O^+) = 0{,}01$ mol/l
$pH = -\lg 0{,}01 = 2$

Übungsbeispiel 3: Ammoniak/Ammonium-Puffer

Eine Pufferlösung enthält Ammoniak und Ammoniumchlorid mit einer Konzentration von jeweils 0,1 mol/l. Zu 100 ml dieser Lösung werden 2 ml Salzsäure ($c = 1$ mol/l) bzw. Natronlauge ($c = 1$ mol/l) zugefügt. Berechnen Sie die pH-Werte, die sich jeweils einstellen.

Lösung:

pH-Wert nach Zugabe von Salzsäure

$n(NH_3) = n(NH_4^+) = 0{,}1\ \text{mol/l} \cdot 0{,}1\ \text{l} = 0{,}01\ \text{mol}$

$n_0(H_3O^+) = 1\ \text{mol/l} \cdot 0{,}002\ \text{l} = 0{,}002\ \text{mol}$

0,002 mol Ammoniak-Moleküle werden zu Ammonium-Ionen

$n(NH_3) = 0{,}01\ \text{mol} - 0{,}002\ \text{mol} = 0{,}008\ \text{mol}$

$n(NH_4^+) = 0{,}01\ \text{mol} + 0{,}002\ \text{mol} = 0{,}012\ \text{mol}$

$\text{pH} = \text{p}K_S + \lg n(NH_3)/n(NH_4^+) = 9{,}3 + \lg 0{,}008/0{,}012 = 9{,}12$

pH-Wert nach Zugabe von Natronlauge

$n_0(OH^-) = 1\ \text{mol/l}.\ 0{,}002\ \text{l} = 0{,}002\ \text{mol}$

0,002 mol Ammonium-Ionen werden zu Ammoniak-Molekülen.

$n(NH_3) = 0{,}01\ \text{mol} + 0{,}002\ \text{mol} = 0{,}012\ \text{mol}$

$n(NH_4^+) = 0{,}01\ \text{mol} - 0{,}002\ \text{mol} = 0{,}008\ \text{mol}$

$\text{pH} = \text{p}K_S + \lg n(NH_3)/n(NH_4^+) = 9{,}3 + \lg 0{,}012/0{,}008 = 9{,}48$

SÄUREN UND BASEN — Checkliste

Das sollten Sie jetzt sicher beherrschen:

- Säure-Base-Reaktionen erkennen und Gleichungen aufstellen können
- den pH-Wert einschätzen und berechnen können
- mit dem pK_S- und pK_B-Wert arbeiten können
- Indikatoren kennen und die Wirkungsweise verstanden haben
- Zusammensetzung von Pufferlösungen verstanden haben und damit rechnen können

7

REDOXREAKTIONEN

Redoxgleichungen

Oxidation und Reduktion

ZENTRALE BEGRIFFE

- **Oxidation**: Elektronenabgabe
- **Reduktion**: Elektronenaufnahme
- **Redoxreaktion**: Reaktion mit Elektronenübergang
- **Oxidationsmittel**: ermöglicht Oxidation, wird selbst reduziert
- **Reduktionsmittel**: ermöglicht Reduktion, wird selbst oxidiert

Oxidationszahlen

Oxidationszahlen sind eine fiktive Größe als Hilfsmittel zur Ermittlung von Oxidation und Reduktion. Man schreibt sie in der Regel in römischen Zahlen über das entsprechende Elementsymbol.

- Oxidation: Oxidationszahl erhöht sich
- Reduktion: Oxidationszahl erniedrigt sich

Regeln zur Ermittlung der Oxidationszahlen

- Atome innerhalb eines **Atomverband**es eines Elementes haben immer die Oxidationszahl 0
- die Oxidationszahl von **Atom-Ionen** entspricht der Ladungszahl
- für **Verbände aus verschiedenen Atomen** gilt:
  - Metalle haben positive Oxidationszahlen.
  - Das Fluor-Atom hat stets die Oxidationszahl –I.
  - Wasserstoff hat die Oxidationszahl +I.
  - Sauerstoff hat die Oxidationszahl –II.
  - Halogen-Atome haben die Oxidationszahl –I.
- Bei **Verbindungen** ist die Summe der Oxidationszahlen aller Atome gleich 0.

- Bei **Molekül-Ionen** ist die Summe der Oxidationszahlen aller Atome gleich der Ionenladung.
- Die **vorstehende Regel hat immer Vorrang**.
  Daher gibt es entsprechende Ausnahmen.

Abi Tipp

AUSNAHMEN BEIM AUFSTELLEN DER OXIDATIONSZAHLEN

- Wasserstoffperoxid: H_2O_2 (Sauerstoff −I, da erst Wasserstoff +I zugeordnet wird).
- Natriumhydrid: NaH (Wasserstoff −I, da das Metall-Atom immer eine positive Oxidationszahl haben muss).
- Sauerstofffluorid OF_2 (Sauerstoff +II, da Fluor immer −I zugeordnet wird).

$\overset{+I\;-I}{H_2O_2}$ $\overset{+I\;-I}{NaH}$ $\overset{+II\;-I}{OF_2}$

Oxidationszahlen bei organischen Verbindungen

- Formal werden in Bindungen zwischen Elementen die Bindungselektronen dem elektronegativeren Partner zugeordnet.
- Bei C—C-Bindungen sind die Elektronen gleichmäßig verteilt, diese Bindung bleibt bei der Bestimmung der Oxidationszahlen unberücksichtigt.
- Jedes Kohlenstoff-Atom wird isoliert betrachtet.
- Beispiel: Aceton

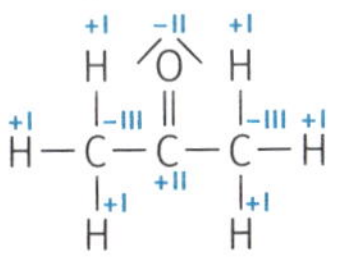

Abi Tipp

ÜBERGANGSMETALLE

Übergangsmetalle haben oft mehrere verschiedene stabile Oxidationsstufen, da sie mehr verschiedene Orbitale (Energieniveaus) besitzen, die besetzt werden können.
Es sind daher i. d. R. Oxidationszahlen zwischen −IV und +VII möglich.

Aufstellen von Redoxgleichungen

Eine Oxidation und eine Reduktion sind immer in einer Redoxgleichung gekoppelt. Dabei müssen bei der Oxidation genauso viele Elektronen abgeben werden, wie bei der Reduktion aufgenommen werden.

Regeln zum Aufstellen einer Redoxgleichung

- Aufschreiben von Edukten und Produkten
- Ermittlung der Oxidationszahlen
- Teilgleichungen zuordnen und aufschreiben
- Elektronenausgleich für jede Teilgleichung (Änderung der Oxidationszahl, Achtung: Anzahl der Atome beachten!)
- Ladungsausgleich entsprechend dem umgebenden Medium: sauer: H_3O^+, alkalisch: OH^-, Schmelze: O^{2-}
- Stoffausgleich mit Wassermolekülen
- Ausgleich von aufgenommenen und abgegebenen Elektronen durch Multiplikation der entsprechenden Teilgleichung(en)
- Addition von Oxidation und Reduktion zur Redoxreaktion

Beispiel

Kaliumpermanganat und Eisen(II)sulfat reagieren in saurer Lösung zu Mangan(II)-Ionen und Eisen(III)-Ionen.

$KMnO_4 + FeSO_4 \rightarrow Mn^{2+} + Fe^{3+}$

Nicht beteiligte Ionen können weggelassen werden:

$MnO_4^- + Fe^{2+} \rightarrow Mn^{2+} + Fe^{3+}$

- **Oxidationszahlen bestimmen**

  $\overset{+VII}{Mn}\overset{-II}{O}{}_4^- + \overset{+II}{Fe}{}^{2+} \rightarrow \overset{+II}{Mn}{}^{2+} + \overset{+III}{Fe}{}^{3+}$

- **Teilgleichungen zuordnen und aufstellen**

  Oxidation: $\overset{+II}{Fe}{}^{2+} \rightarrow \overset{+III}{Fe}{}^{3+}$

  Reduktion: $\overset{+VII}{Mn}\overset{-II}{O}{}_4^- \rightarrow \overset{+II}{Mn}{}^{2+}$

- **Elektronenausgleich anhand der Änderung der Oxidationszahlen eines Elements**

  Oxidation: $Fe^{2+} \rightarrow Fe^{3+} + e^-$

  Reduktion: $MnO_4^- + 5\ e^- \rightarrow Mn^{2+}$

- **Ladungsausgleich entsprechend dem umgebenden Medium**

  Oxidation: $Fe^{2+} \rightarrow Fe^{3+} + e^-$

  Reduktion: $MnO_4^- + 5\ e^- + 8\ H_3O^+ \rightarrow Mn^{2+}$

- **Stoffausgleich mit Wasser**

  Oxidation: $Fe^{2+} \rightarrow Fe^{3+} + e^-$

  Reduktion: $MnO_4^- + 5\ e^- + 8\ H_3O^+ \rightarrow Mn^{2+} + 12\ H_2O$

- **Aufstellen einer Gesamtredoxgleichung durch Addition der beiden Teilgleichungen, vorher Elektronenbilanz ausgleichen**

  Oxidation: $Fe^{2+} \rightarrow Fe^{3+} + e^-$ $|\cdot 5$

  Reduktion: $MnO_4^- + 5\ e^- + 8\ H_3O^+ \rightarrow Mn^{2+} + 12\ H_2O$

→ **Redoxreaktion:** $MnO_4^- + 8\ H_3O^+ + 5\ Fe^{2+} \rightarrow Mn^{2+} + 12\ H_2O + 5\ Fe^{3+}$

- **Synproportionierung**: Ein Element liegt als Edukt in zwei verschiedenen Oxidationsstufen als Element oder Verbindung vor, als Edukt jedoch nur noch in einer einzigen.
  Dasselbe Element wird also *sowohl oxidiert als auch reduziert.*

  $\overset{+IV}{S}O_2 + 2\ H_2\overset{-II}{S} \rightarrow 3\ \overset{0}{S} + 2\ H_2O$

- **Disproportionierung**: Ein Element reagiert als Element oder Verbindung zu zwei unterschiedlichen Produkten, in denen es *unterschiedliche Oxidationsstufen* besitzt.

  $\overset{0}{Cl_2} + H_2O \leftrightharpoons H\overset{-I}{Cl} + HO\overset{+I}{Cl}$

Übungsbeispiel

Phosphormoleküle (P_4) reagieren in alkalischer Lösung zu Phosphan (Phosphor-Wasserstoff-Verbindung aus PSE) und Hypophosphit ($H_2PO_2^-$) Ionen. Wie nennt man eine solche spezielle Redoxgleichung?

Lösung:

$\overset{0}{P_4} \rightarrow \overset{-III}{P}H_3 + \overset{+I}{H_2}\overset{+I}{P}\overset{-II}{O_2^-}$

Oxidation: $P_4 + 8\ OH^- \rightarrow 4\ H_2PO_2^- + 4\ e^-$ $|\cdot 3$

Reduktion: $P_4 + 12\ e^- + 12\ H_2O \rightarrow 4\ PH_3 + 12\ OH^-$

Redoxreaktion: $4\ P_4 + 12\ OH^- + 12\ H_2O \rightarrow 12\ H_2PO_2^- + 4\ PH_3$

Diese Redoxgleichung ist eine Disproportionierung.

Galvanische Elemente

Redoxreihen

Redoxreihe der Metalle

- Unterschiedliche Elemente haben ein unterschiedliches Oxidations- bzw. Reduktionsvermögen. Dieses wird in der Redoxreihe zum Ausdruck gebracht.

- Das Redoxpaar H_2 / H_3O^+ dient als Bezugspaar.
  Metalle, die oberhalb dieses Redoxpaares stehen, werden von diesem oxidiert, sie reagieren mit den Oxonium-Ionen unter Bildung von Wasserstoff. Man nennt sie auch **unedle Metalle**.
  Metalle, die unterhalb dieses Redoxpaares stehen, reagieren nicht mit Oxonium-Ionen, sie werden **edle Metalle** genannt.
- Ein Metall kann in der Redoxreihe unter ihm stehende Metall-Ionen reduzieren.

Redoxreihe der Nichtmetalle

- Ein Nichtmetall kann in der Redoxreihe unter ihm stehende Nichtmetalle reduzieren.

REDOXREIHEN

- **Schreibweise Redoxreihe**:
  Reduzierte Form ⇌ oxidierte Form + Elektronen
- **Reduktionswirkung** der Metalle/Nichtmetall-Ionen nimmt von oben nach unten zu.
- **Oxidationswirkung** der Metall-Ionen/Nichtmetalle nimmt von oben nach unten ab.
- Oben stehende Metalle/Nichtmetall-Ionen können unter ihnen stehende Metall-Ionen/Nichtmetalle reduzieren.

Übersicht: Die Redoxreihe ...	
... der Metalle (Auswahl)	**... und der Nichtmetalle (Auswahl)**
$Na \rightleftharpoons Na^+ + 1\,e^-$	$S^{2-} \rightleftharpoons S + 2\,e^-$
$Mg \rightleftharpoons Mg^{2+} + 2\,e^-$	$H_2 + 2\,H_2O \rightleftharpoons 2\,H_3O^+ + 2\,e^-$
$Zn \rightleftharpoons Zn^{2+} + 2\,e^-$	$2\,I^- \rightleftharpoons I_2 + 2\,e^-$
$Fe \rightleftharpoons Fe^{2+} + 2\,e^-$	$2\,Br^- \rightleftharpoons Br_2 + 2\,e^-$
$Ni \rightleftharpoons Ni^{2+} + 2\,e^-$	$2\,Cl^- \rightleftharpoons Cl_2 + 2\,e^-$
$Sn \rightleftharpoons Sn^{2+} + 2\,e^-$	$2\,F^- \rightleftharpoons F_2 + 2\,e^-$
$Pb \rightleftharpoons Pb^{2+} + 2\,e^-$	
$H_2 + 2\,H_2O \rightleftharpoons 2\,H_3O^+ + 2\,e^-$	
$Cu \rightleftharpoons Cu^{2+} + 2\,e^-$	
$Ag \rightleftharpoons Ag^+ + 1\,e^-$	
$Hg \rightleftharpoons Hg^{2+} + 2\,e^-$	
reduzierte Form ⇌ oxidierte Form	
Reduktionsmittel ⇌ Oxidationsmittel	

Galvanische Zellen

- Das unterschiedliche Reduktionsvermögen von Redoxpaaren kann über die fließenden Elektronen zur Stromgewinnung genutzt werden.
- Man muss die Redoxpaare als Halbzellen (Metallstab in seiner Metallsalzlösung) räumlich (halbdurchlässiges Diaphragma) voneinander trennen und die Metallstäbe leitend miteinander verbinden.
- Man kann auch Nichtmetallhalbzellen verwenden. Da Nichtmetalle oft gasförmig sind, ist der Aufbau komplizierter.

Donatorhalbzelle	**Akzeptorhalbzelle**
unedleres Metall	edleres Metall
hoher Lösungsdruck	geringerer Lösungsdruck
Metall wird zu Ion *oxidiert*: Elektronenabgabe	Metall-Ion wird zu Metall *reduziert*: Elektronenaufnahme
Minuspol	Pluspol
Anode: Oxidation findet statt	Kathode: Reduktion findet statt.

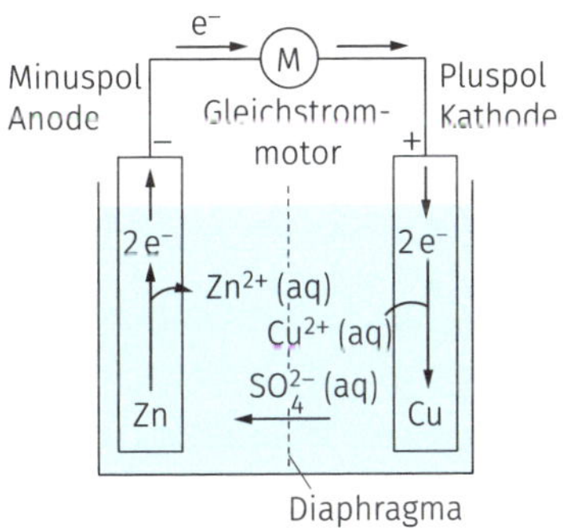

Elektronenfluss in einer galvanischen Zelle (Zn-Cu-Zelle = DANIELL-Element); Zelldiagramm Zn / Zn^{2+} / / Cu^{2+} / Cu

ZENTRALE BEGRIFFE

- Zwei **Halbzellen** (Element/Ion) bilden ein galvanisches Element
- **Elektroden**:
  Anode, Minuspol, Ort der Oxidation
  Kathode, Pluspol, Ort der Reduktion
- **Elektrolytlösung**: Ionen-Lösung, die einen Ladungsausgleich zwischen den Halbzellen ermöglicht.
- **Zelldiagramm**:
  unedleres Metall/Metall-Ion / / Metall-Ion/edleres Metall

ELEKTROLYSE

Achtung, bei der **Elektrolyse** wird der Vorgang umgekehrt.

- Durch Stromzufuhr werden die Ionen einer Salzlösung zu den Elementen oxidiert/reduziert.
- Die Kationen wandern an den Minuspol.
- Dort findet die Reduktion statt, der Minuspol ist die Kathode.
- Die Anionen wandern an den Pluspol und werden oxidiert. Der Pluspol ist die Anode.

Diese Begrifflichkeiten gelten auch beim **Laden eines Akkumulators**.

Redoxpotentiale

Die Spannungsreihe der Metalle und Nichtmetalle

Redoxpotential

Potentiale von Halbzellen sind nicht messbar, nur Potentialdifferenzen können erfasst werden. Zur besseren Vergleichbarkeit wird das Potential zwischen einem Halbelement (Redoxpaar) und der Normal-Wasserstoff-Elektrode mit Standardredoxpotential E_0 bezeichnet.
Diese Standardredoxpotentiale bzw. -elektrodenpotentiale sind tabellarisch in der **Spannungsreihe der Metalle und Nichtmetalle** festgelegt.

- Standardbedingungen sind:
  $p = 1000\,\text{hPa}$, $T = 298\,\text{K}$, $c = 1\,\text{mol/l}$
- Normalwasserstoffelektrode:
  $H_2\,(g) + 2\,H_2O\,(l) \rightleftharpoons 2\,H_3O^+\,(aq) + 2\,e^-$
  $E_0\,(H_2/2\,H_3O^+) – 0$

Halbzelltypen

- Metallhalbzelle (Metallelektrode in Metallsalzlösung)
- Nichtmetallhalbzelle (Nichtmetall umspült z. B. eine Platinelektrode → Platin ist nicht an der Reaktion beteiligt, allenfalls als Katalysator
- Halbzelle mit homogenem Redoxsystem (Redoxpaar in Lösung, ableitende Elektrode ist meist Platin)

oxidierte Form	⇌ reduzierte Form	U_H^0/V
Li^+ (aq) + e^-	⇌ Li (s)	−3,04
K^+ (aq) + e^-	⇌ K (s)	−2,92
2 H_2O (l) + 2 e^-	⇌ H_2 (g) + 2 OH^- (aq)	−0,83
Zn^{2+} (aq) + 2 e^-	⇌ Zn (s)	−0,76
Pb^{2+} (aq) + 2 e^-	⇌ Pb (s)	−0,13
2 H^+ (aq) + 2 e^-	⇌ H_2 (g)	0,00
Cu^{2+} (aq) + 2 e^-	⇌ Cu (s)	0,34
O_2 (g) + 2 H_2O (l) + 4 e^-	⇌ 4 OH^- (aq)	0,40
I_2 (aq) + 2 e^-	⇌ 2 I^- (aq)	0,54
Ag^+ (aq) + e^-	⇌ Ag (s)	0,80
Br_2 (l) + 2 e^-	⇌ 2 Br^- (aq)	1,09
Cl_2 (g) + 2 e^-	⇌ 2 Cl^- (aq)	1,36
H_2O_2 (aq) + 2 H^+ (aq) + 2 e^-	⇌ 2 H_2O (l)	1,77
$S_2O_8^{2-}$ (aq) + 2 e^-	⇌ 2 SO_4^{2-} (aq)	2,01
F_2 (g) + 2 e^-	⇌ 2 F^- (aq)	2,87

Aussagen der Spannungsreihe

- Je kleiner das Standardpotential eines Redoxpaares, desto stärker reduzierend wirkt es.
- Reduktionsmittel können Redoxpaare, die in der Spannungsreihe *unter* ihnen stehen, reduzieren.
- Oxidationsmittel können Redoxpaare, die in der Spannungsreihe *über* ihnen stehen, oxidieren.
- Leerlaufspannung zwischen zwei Halbelementen (unter Standardbedingungen):
  Differenz der Standardpotentiale der Halbzellen
  $E = E_0(\text{Akzeptorhalbzelle}) - E_0(\text{Donatorhalbzelle})$
  $= E_0(\text{Kathode}) - E_0(\text{Anode})$
  → entspricht der messbaren Leerlaufspannung U

Die Konzentrationsabhängigkeit des Redoxpotentials

Kombiniert man zwei gleiche Halbzellen im Standardzustand, so ist keine Spannung messbar. Haben die Halbzellen jedoch unterschiedliche Konzentrationen (Konzentrationszelle), so ist ein Potentialunterschied feststellbar. Die Potentiale müssen mithilfe der **NERNST'schen Gleichung** neu berechnet werden:

- Allgemein: Red $\rightleftharpoons$ Ox + n e^-
- NERNST'sche Gleichung:

  $E(\text{Ox/Red}) = E_0(\text{Ox/Red}) + \frac{R \cdot T}{n \cdot F} \cdot \lg \frac{c(\text{Ox})}{c(\text{Red})}$

  $c(\text{Ox})$ = Konzentration der oxidierten Form

  $c(\text{Red})$ = Konzentration der reduzierten Form

  → nach Regeln des Massenwirkungsgesetzes

  R = universelle Gaskonstante = $8{,}314 \frac{\text{J}}{\text{K}}$

  T = Temperatur in K

  n = Zahl der pro Formelumsatz ausgetauschten Elektronen

  F = Faraday-Konstante = $96\,500 \frac{\text{C}}{\text{mol}}$

  E_0 = Standardpotential

→ Das Potential ist also vom Druck, von der Temperatur und von der Stoffmengenkonzentration abhängig.

Anwendungsbeispiel: Daniell-Element

$\overset{+II}{Cu}{}^{2+} + \overset{0}{Zn} \leftrightharpoons \overset{0}{Cu} + \overset{+II}{Zn}{}^{2+}$

$E(\text{Cu/Cu}^{2+}) = E_0(\text{Cu/Cu}^{2+}) + \frac{0{,}059\,\text{V}}{2} \cdot \lg \frac{c(\text{Cu}^{2+})}{c(\text{Cu})}$

$E(\text{Cu/Cu}^{2+}) = 0{,}35\,\text{V} + \frac{0{,}059\,\text{V}}{2} \cdot \lg \frac{c(\text{Cu}^{2+})}{c(\text{Cu})}$

$E(\text{Zn/Zn}^{2+}) = E_0(\text{Zn/Zn}^{2+}) + \frac{0{,}059\,\text{V}}{2} \cdot \lg \frac{c(\text{Zn}^{2+})}{c(\text{Zn})}$

$E(\text{Zn/Zn}^{2+}) = -0{,}76\,\text{V} + \frac{0{,}059\,\text{V}}{2} \cdot \lg \frac{c(\text{Zn}^{2+})}{c(\text{Zn})}$

$\Delta E = E(\text{Cu/Cu}^{2+}) - E(\text{Zn/Zn}^{2+})$

→ **Fall 1:** Standardbedingungen

$c(\text{Cu}^{2+}) = c(\text{Zn}^{2+}) = 1\,\text{mol/l}$

$\Delta E = E_0(\text{Cu/Cu}^{2+}) - E_0(\text{Zn/Zn}^{2+}) = 0{,}35\,\text{V} - (-0{,}76\,\text{V}) = 1{,}1\,\text{V}$

→ **Fall 2:** Verschiedene Konzentrationen

$c(\text{Cu}^{2+}) = 0{,}1\,\text{mol/l}$, $c(\text{Zn}^{2+}) = 1\,\text{mol/l}$

$E(\text{Cu/Cu}^{2+}) = 0{,}35\,\text{V} + \frac{0{,}059\,\text{V}}{2} \cdot \lg 10^{-1} = 0{,}35\,\text{V} - 0{,}0295\,\text{V} = 0{,}32\,\text{V}$

$E(\text{Zn/Zn}^{2+}) = -0{,}76\,\text{V} + \frac{0{,}059\,\text{V}}{2} \cdot \lg 1 = -0{,}76\,\text{V} + 0\,\text{V} = -0{,}76\,\text{V}$

$\Delta E = E_0(\text{Cu/Cu}^{2+}) - E_0(\text{Zn/Zn}^{2+}) = 0{,}32\,\text{V} - (-0{,}76\,\text{V}) = 1{,}08\,\text{V}$

Metall-Halbzelle und Wasserstoff-Halbzelle

$$E(Me^{z+}/Me) = E_0(Me^{z+}/Me) + \frac{0{,}059\,V}{z} \cdot \lg \frac{c\,Me^{z+}}{mol \cdot l^{-1}}$$

Beispiel Metall-Halbzelle:

$$E(Zn^{2+}/Zn) = E_0(Zn^{2+}/Zn) + \frac{0{,}059\,V}{2} \cdot \lg \frac{c(Zn^{2+})}{mol \cdot l^{-1}}$$

$$= -0{,}76\,V + \frac{0{,}059\,V}{2} \cdot (-3) = -0{,}848\,V$$

Beispiel Wasserstoff-Halbzelle:

$$E(H^+/H_2) = E_0(H^+/H_2) + \frac{0{,}059\,V}{1} \cdot \lg \frac{c(H^+)}{mol \cdot l^{-1}}$$

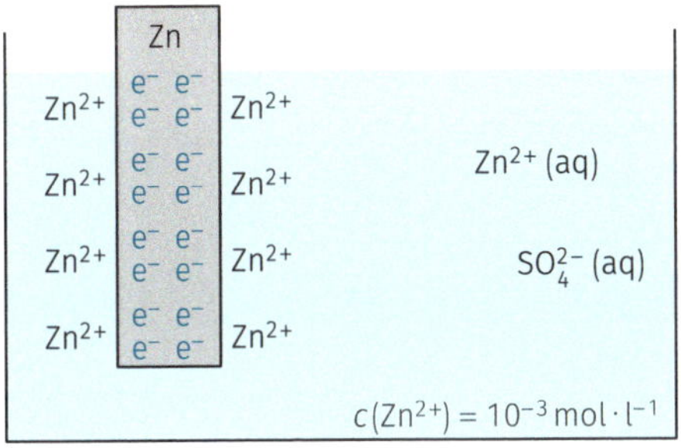

Zn^{2+} (aq) + **2 e⁻** ⇋ Zn (s)

Nichtmetall-Halbzelle

$$E(X_2/X^{z-}) = E_0(X_2/X^{z-}) + \frac{0{,}059\,V}{z} \cdot \lg c\,X^{z-}$$

Beispiel:

$$E(Cl_2/Cl^-) = E_0(Cl_2/Cl^-) + \frac{0{,}059\,V}{1} \cdot \lg c(Cl^-)^2$$

$$= +1{,}36 - 0{,}059\,V \cdot (-8) = 1{,}832\,V$$

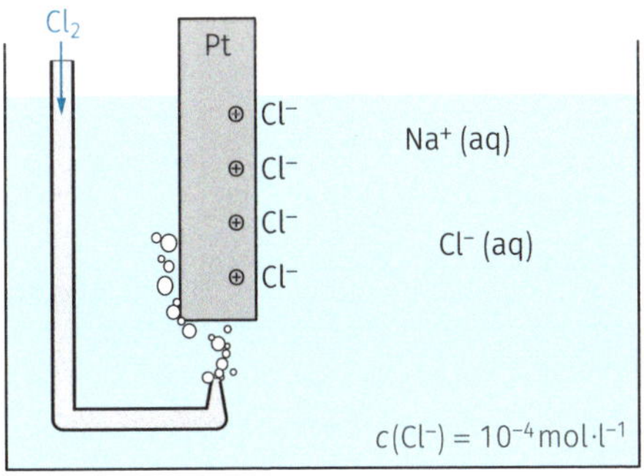

Cl_2 (g) + **2 e⁻** ⇋ 2 Cl^- (aq)

Halbzelle mit homogenem Redoxsystem

$$E(Ox/Red) = E_0(Ox/Red) + \frac{0{,}059\,V}{z} \cdot \lg\frac{c(Ox)}{c(Red)}$$

Beispiel:

$$E(Cr_2O_7^{2-} / Cr^{3+}) = E_0(Cr_2O_7^{2-} / Cr^{3+}) + \frac{0{,}059\,V}{6} \cdot \lg\frac{c(Cr_2O_7^{2-} \cdot c^{14}(H^+)}{c^2(Cr^{3+})}$$

$$= 1{,}33\,V + \frac{0{,}059\,V}{6} \cdot \lg\frac{10^{-1}\,(10^{-2})^{14}}{(10^{-4})^2} = 1{,}12\,V$$

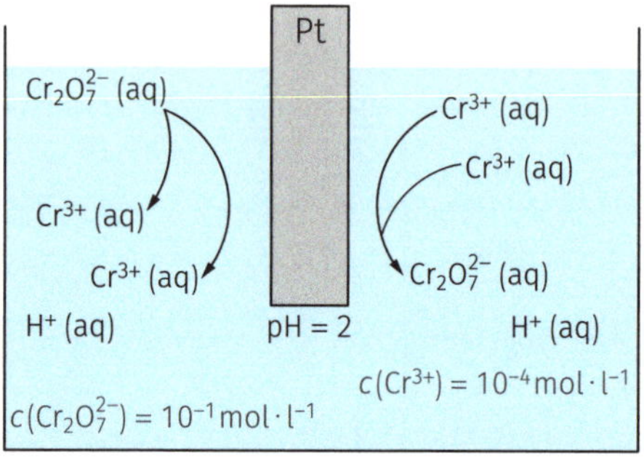

$Cr_2O_7^{2-}$ (aq) + **6 e⁻** + 14 H^+ (aq) ⇆ 2 Cr^{3+} (aq) + 7 H_2O (l)

Abi Tipp

ABHÄNGIGKEIT EINER REDOXREAKTION VOM PH-WERT

Beispiel: $Cr_2O_7^{2-}$ (aq) + 6 e⁻ + 14 H_3O^+ (aq) ⇌ 2 Cr^{3+} (aq) + 7 H_2O (l)
Je saurer die Lösung, desto kleiner der pH-Wert, desto größer die Oxonium-Ionen-Konzentration, desto stärker verschiebt sich das Gleichgewicht nach rechts.

REDOXREAKTIONEN — Checkliste

Das sollten Sie jetzt sicher beherrschen:

- → Oxidation, Reduktion, Oxidationsmittel, Reduktionsmittel
- → Oxidationszahlen bestimmen
- → Redoxgleichungen aufstellen
- → die Redoxreihe lesen und auswerten
- → ein galvanisches Element zeichnen und die Vorgänge beschreiben
- → mit der Spannungsreihe arbeiten
- → die NERNST'sche Gleichung anwenden

ANGEWANDTE REDOXREAKTIONEN

Elektrochemische Stromerzeugung

ZENTRALE BEGRIFFE

Galvanische Zellen können auch als mobile Energiequellen eingesetzt werden. Man unterscheidet:

- **Primärzellen** (Batterien): Zellreaktion nicht umkehrbar
- **Sekundärzellen** (Akkumulatoren): Zellreaktion umkehrbar, wieder aufladbar
- **Brennstoffzellen**: ständige Zufuhr der Brennstoffe (Reaktanten) nötig

Batterien

Zink/Kohle-Batterie (LECLANCHÉ-Element)

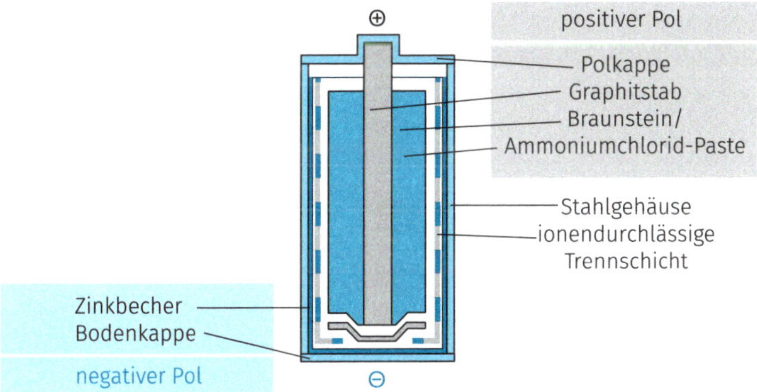

- Minuspol/Anode/Oxidation:
  $Zn\ (s) \rightarrow Zn^{2+}(aq) + 2\ e^-$
  $E_0 = -0{,}76\,V$
- Pluspol/Kathode/Reduktion:
  $2\ MnO_2\ (s) + 2\ H_2O\ (l) + 2\ e^- \rightarrow MnO(OH)\ (s) + 2\ OH^-$
  $E_0 = 1{,}01\,V$

- Sekundärreaktionen:
  Elektrolyt:
  $NH_4^+ (aq) + OH^- (aq) \rightarrow NH_3 (aq) + H_2O (l)$
  $Zn^{2+} (aq) + 2\ NH_3 (aq) \rightarrow [Zn(NH_3)_2]^{2+} (aq)$
- Bildung von schwerlöslichem Diamminzinkchlorid
  $[Zn(NH_3)]^{2+}(aq) + 2\ Cl^-(aq) \rightarrow [Zn(NH_3)_2]Cl_2 (s)$
- Berechnung des Elektrodenpotentials bei $pH = 5$ und $c(Zn^{2+}) = 1\ \frac{mol}{l}$
  $E = E_{Akzeptorhalbzelle} - E_{Donatorhalbzelle}$
  $E = 0{,}719\ V - (-0{,}76\ V) = 1{,}479\ V$

Alkali-Mangan-Batterie

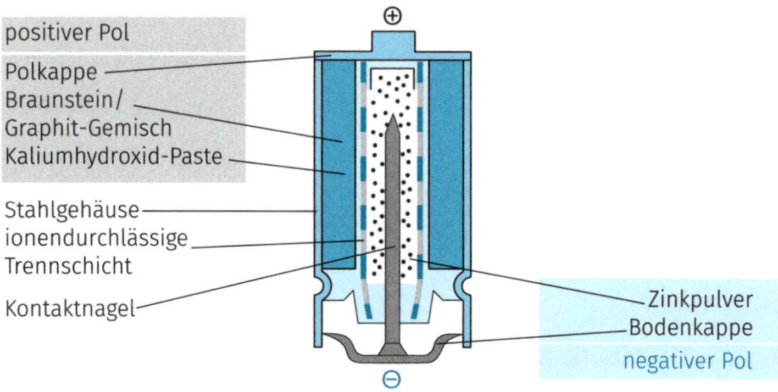

- Weiterentwicklung des LECLANCHÉ-Elementes
- Elektrolyt = KOH,
  Bildung von leicht löslichem Hydroxozinkat $[Zn(OH)_4]^{2-}$
- Oberflächenvergrößerung durch Zinkpulverpaste

Lithium-Batterie/Lithium-Braunstein-Knopfzelle

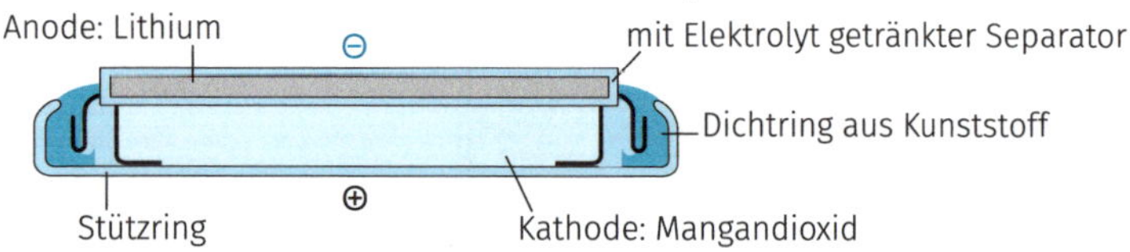

- Minuspol/Anode/Oxidation:
  $Li (s) \rightarrow Li^+ (aq) + 1\ e^-$
- Pluspol/Kathode/Reduktion:
  $Li^+ + e^- + MnO_2 (s) \rightarrow LiMnO_2 (s)$
- Elektrolyt:
  z. B. Lösung von Lithiumperchlorat in Propylencarbonat

Akkumulatoren

Bleiakkumulator

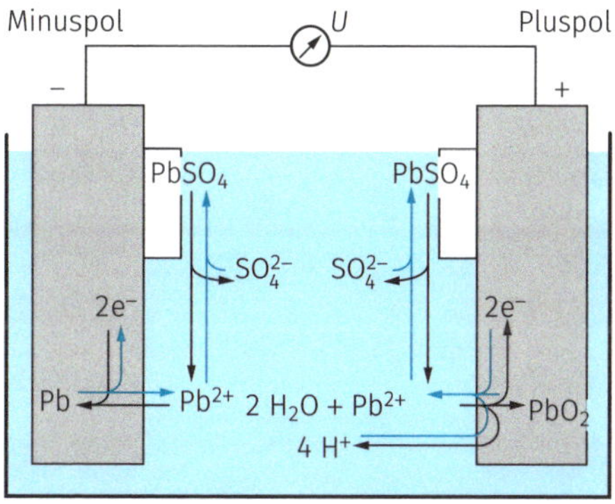

Entladung (blau in der Grafik)	Ladung (schwarz in Grafik)
Minuspol/Anode/Oxidation: Pb (s) + H_2SO_4 (aq) → $PbSO_4$ (s) + 2 H^+ (aq) + 2 e^-	Pluspol/Anode/Oxidation: $PbSO_4$ (s) + 2 H_2O (l) + SO_4^{2-} (aq) → PbO_2 (s) + 2 H_2SO_4 (aq) + 2 e^-
Pluspol/Kathode/Reduktion: PbO_2 (s) + 2 H_2SO_4 (aq) + 2 e^- → $PbSO_4$ (s) + 2 H_2O (l) + SO_4^{2-} (aq)	Minuspol/Kathode/Reduktion: $PbSO_4$ (s) + 2 H^+ (aq) + 2 e^- → Pb (s) + H_2SO_4 (aq)
Elektrolyt: Schwefelsäure (20 %); Leerlaufspannung: 2,1 V	

Gesamtreaktion:

- $Pb\ (s) + PbO_2\ (s) + H_2SO_4\ (aq) \underset{\text{entladen}}{\overset{\text{laden}}{\rightleftharpoons}} 2\ PbSO_4\ (s) + 2\ H_2O\ (l)$

Besonderheiten:

- Verhinderung von Sauerstoffbildung wegen hoher Überspannung des Gases am Bleidioxid
- Verhinderung von Wasserstoffbildung wegen hoher Überspannung des Gases am Blei
- Anwendung z. B. als „Autobatterie“

Nickel/Cadmium-Akkumulator (in der EU verboten)

$$Cd + 2\ NiO(OH)\ (s) + 2\ H_2O\ (l) \underset{\text{entladen}}{\overset{\text{laden}}{\rightleftharpoons}} Cd(OH)_2\ (s) + 2\ Ni(OH)_2\ (s)$$

Elektrolyt: KOH-Lösung (20 %), Leerlaufspannung: 1,3 V

Nickel/Metallhydrid-Akkumulator

$$\text{Metall-H}\ (s) + NiO(OH)\ (s) \underset{\text{entladen}}{\overset{\text{laden}}{\rightleftharpoons}} \text{Metall} + Ni(OH)_2\ (s)$$

Elektrolyt: KOH-Lösung (20 %), Leerlaufspannung: 1,2 V; umweltfreundlicher, da ohne Cd

Lithium-Ionen-Akkumulator

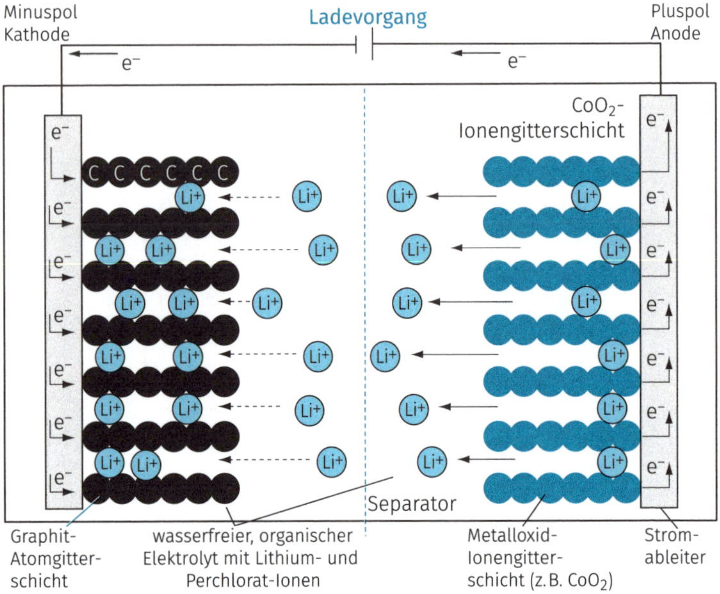

Pluspol/Anode/Oxidation: $LiCoO_2 \rightarrow Li^+ + CoO_2 + 1\ e^-$

Minuspol/Kathode/Reduktion: $C_6 + Li^+ + e^- \rightarrow LiC_6$

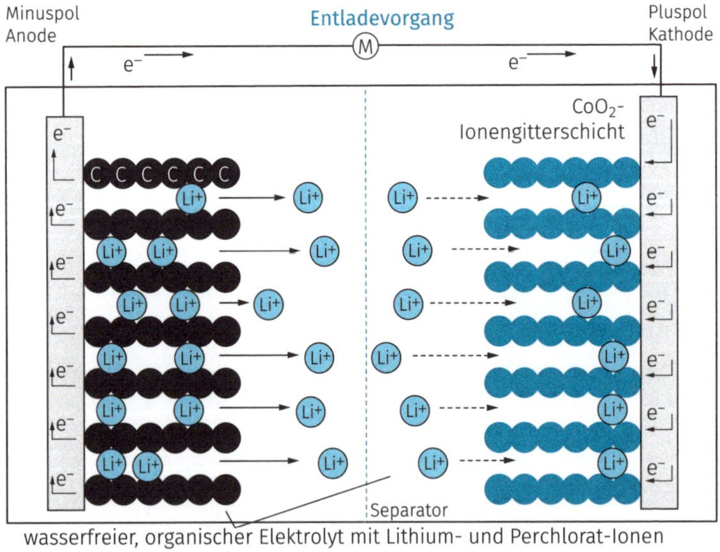

Minuspol/Anode/Oxidation: $LiC_6 \rightarrow C_6 + Li^+ + 1\ e^-$

Pluspol/Kathode/Reduktion: $Li^+ + CoO_2 + 1\ e^- \rightarrow LiCoO_2$

- C_6 = Graphit
- Elektrodenmaterial wird oxidiert/reduziert, Li^+-Ionen sind nur Ladungsträger
- Elektrolyt: wasserfreie organische Flüssigkeit, in der Lithium-Ionen gelöst sind
- Hohe Energiedichte und Spannung bis zu 3,7 V
- Einlagerungsverbindungen, durch Separator getrennt

Lithium-Ionen-Polymer-Akkumulator

- Weiterentwicklung des Lithium-Ionen-Akkumulators
- Pluspol = Lithium-Metalloxid
- Minuspol = Graphit
- Elektrolyt = gelartige Polymermembran
- Energiedichte höher als bei Lithium-Ionen-Akkumulator

Brennstoffzellen

Exotherme Verbrennungsreaktionen werden zum Energiegewinn genutzt. Die Brennstoffe müssen kontinuierlich zugeführt werden. Statt Energiespeicher sind Brennstoffzellen Energiewandler.

Knallgaszelle

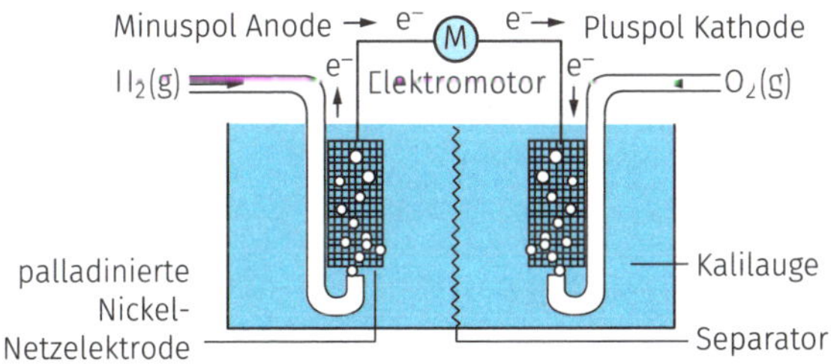

- Minuspol/Anode/Oxidation:
  $2\ H_2\ (g) + 4\ OH^-(aq) \rightarrow 4\ H_2O\ (l) + 4\ e^-$; $E = -0{,}83\,V$
- Pluspol/Kathode/Reduktion:
  $O_2\ (g) + 2\ H_2O\ (l) + 4\ e^- \rightarrow 4\ OH^-\ (aq)$; $E = 0{,}4\ V$
- Gesamtgleichung:
  $2\ H_2\ (g) + O_2\ (g) \rightarrow 4\ H_2O\ (l)$
- Leerlaufspannung = 1,23 V
- Elektrolyt: Kalilauge
- nur Wasser als Produkt → umweltfreundlich
- ständige Zufuhr von Brennstoffen, kontinuierlicher Betrieb
- Brennstoffe gut verfügbar

PEM-Zelle

- (PEM = Proton Exchange Membrane = Protonenaustausch-Membran)
- Brennstoffe sind Wasserstoff und Sauerstoff
- Kunststoffmembran ersetzt Elektrolyt

Direkt-Methanol-Brennstoffzelle

- mobile Energiequelle
- Aufbau entspricht PEM-Zelle
- Brennstoffe: Methanol, Wasser, Luftsauerstoff
- Gesamtreaktion: $2\ CH_3OH + 3\ O_2 \rightarrow 2\ CO_2 + 4\ H_2O$
- Leerlaufspannung: 1,19 V

Elektrolyse

Elektrolyse – eine erzwungene Redoxreaktion

Durch Stromzufuhr kann man an zwei Elektroden (z. B. Graphit) eine Redoxreaktion erzwingen.

ZENTRALE BEGRIFFE

- Pluspol/Anode/Oxidation – Minuspol/Kathode/Reduktion
- Anionen wandern zur Anode, Kationen wandern zur Kathode
- Elektrolyse kann in wässrigen Lösungen oder Schmelzen durchgeführt werden

Elektrolyse einer Zinkbromid-Lösung

Pluspol/Anode/Oxidation	$2\ Br^-\ (aq) \rightleftharpoons Br_2\ (g) + 2\ e^-$
Minuspol/Kathode/Reduktion	$Zn^{2+}\ (aq) + 2\ e^- \rightleftharpoons Zn\ (s)$
Gesamtreaktion:	$2\ Br^-\ (aq) + Zn^{2+}\ (aq) \rightleftharpoons Br_2\ (g) + Zn\ (s)$

Kathode und Anode: Graphit

Elektrolyse einer Natriumchloridschmelze

Pluspol/Anode/Oxidation	$2\ Cl^-\ (l) \rightleftharpoons Cl_2\ (g) + 2\ e^-$
Minuspol/Kathode/Reduktion	$2\ Na^+\ (l) + 2\ e^- \rightleftharpoons Na\ (l)$
Gesamtreaktion:	$2\ Cl^-\ (l) + 2\ Na^+\ (l) \rightleftharpoons Cl_2\ (g) + Na\ (l)$

Kathode: Eisen, Anode: Graphit

Abhängigkeit der Elektrolysespannung

Führt man eine Elektrolyse derselben Salzlösung mit unterschiedlichen Elektroden durch, so muss man unterschiedlich hohe Spannungen anlegen.

Stromstärke-Spannungskurve einer Metallsalzlösung mit Elektroden dieses Metalls

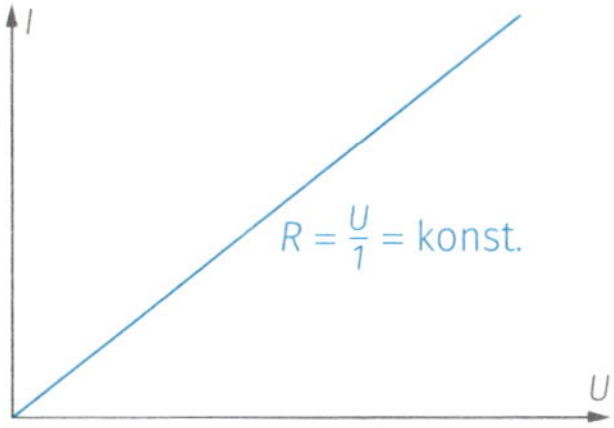

- Je größer U, desto größer I
- OHM'scher Widerstand R = konstant
- Für jedes Metall-Ion, das oxidiert wird, wird ein Metall-Atom aus der Elektrode reduziert und geht in Lösung
- Konzentration an Metall-Ionen bleibt unverändert

Stromstärke-Spannungskurve einer Metallsalzlösung mit einer Metall- und einer andersartigen Elektrode

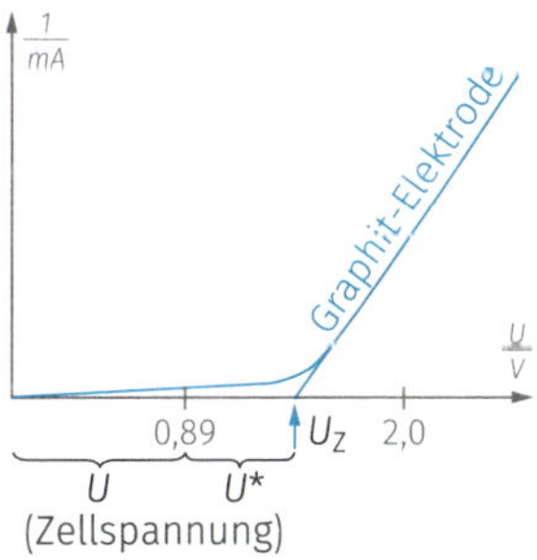

- zunächst flacher Kurvenverlauf
- Ab Zersetzungsspannung U_Z beginnt die lineare Steigung.
- Bei einer Spannung unterhalb von U_Z wird Wasser elektrolysiert → Bildung von Sauerstoff.
- Geringe Spannung führt nur zu kleinem Elektrolysestrom.
- Gebildete Teilchen werden an der Elektrode absorbiert.
- Galvanische Zelle entsteht und wirkt der Elektrolyse entgegen → Zellspannung/Polarisationsspannung.
- Differenz zwischen Zellspannung und Zersetzungspannung ist die Überspannung U^*.
- Die Überspannung ist abhängig vom Elektrodenmaterial und der Elektrodenoberfläche.
- Eigentliche Elektrolyse beginnt erst mit U_Z.

Gas	Elektrodenmaterial	Stromdichte in $A \cdot cm^{-2}$			
		10^{-3}	10^{-2}	10^{-1}	10^{-0}
Wasserstoff	Pt(platiniert)	−0,02	−0,04	−0,05	−0,07
	Pt(blank)	−0,12	−0,23	−0,35	−0,47
	Graphit	−0,60	−0,78	−0,97	−1,03
	Quecksilber	−0,94	−1,04	−1,15	−1,25
Sauerstoff	Pt(platiniert)	0,40	0,52	0,64	0,77
	Pt(blank)	0,72	0,85	1,28	1,49
	Graphit	0,53	0,90	1,09	1,24
Chlor	Pt(platiniert)	0,006	0,016	0,026	0,08
	Pt (blank)	0,008	0,03	0,054	0,24
	Graphit	0,1	0,12	0,25	0,50

Man kann auf diese Weise Elektrodenreaktionen vorhersagen. Dazu muss man Folgendes beachten:

- alle möglichen Redoxpaare heraussuchen
- alle möglichen Anoden-/Kathodenreaktionen formulieren
- Überspannungen abhängig vom Elektrodenmaterial heraussuchen
- Abscheidungspotentiale berechnen
- Das Redoxpaar mit dem niedrigeren Elektrodenpotential wird an der Anode oxidiert.
- Das Redoxpaar mit dem höheren Elektrodenpotential wird an der Kathode reduziert.
- Nun kann die Zersetzungsspannung berechnet werden.

Abi Tipp

FARADAY-GESETZE WIEDERHOLEN

Hilfreich ist eine Wiederholung der FARADAY-Gesetze:

- Elektrolytisch abgeschiedene Stoffmengen sind proportional zur geflossenen Ladungsmenge: $n \cdot Q$
- Zur elektrolytischen Abscheidung von 1 mol Teilchen ist $Q = 1\ \text{mol} \cdot z \cdot F$ nötig.
  z = Anzahl ausgetauschter Elektronen
  F = FARADAY-Konstante = $96\,485\ \frac{\text{As}}{\text{mol}}$
- Bestimmung der Elementarladung möglich

Anwendung der Elektrolyse

Kupfer-Raffination

- Anode aus Rohkupfer wird aufgelöst und an der Kathode (Edelstahl) scheidet sich Reinkupfer ab.
- Elektrolyt ist verdünnte Schwefelsäure mit Kupfersulfat.
- Spannung = 0,3 V
- Unedle Metalle werden oxidiert und gelöst.
- Edlere Metalle bilden unlöslichen Anodenschlamm.

Chloralkali-Elektrolyse

- Elektrolyse wässriger Natriumchloridlösung
- Bildung von Sauerstoff und Wasserstoff wird technisch verhindert (Überspannung, pH-Wert, Konzentration).
- drei Verfahren (siehe folgende Tabelle):
  → Amalgam-Verfahren
  → Diaphragma-Verfahren
  → Membran-Verfahren

Anodenmaterial	Amalgam-Verfahren	Diaphragma-Verfahren	Membran-Verfahren
	mit Ruthenium-Oxid überzogenes Titan		
Kathodenmaterial	Quecksilber	Eisen oder Stahl	mit Ni-Al-Legierung beschichteter Edelstahl oder Nickel
Diaphragma	–	mit Kunststofffasern verdichteter Asbest	ionenselektive Kationenaustauschmembran
Umweltbelastung	Quecksilber	Asbest	–
Chlor	sehr rein	verunreinigt (O_2)	verunreinigt (O_2)
Natronlauge	sehr rein	verunreinigt (NaCl)	sehr rein
Wasserstoff	sehr rein	verunreinigt (O_2)	rein
Energieverbrauch	relativ hoch	günstig	günstig
Verbreitung EU (2014)	seit 2017 in der EU verboten	Verwendung asbestfreier Diaphtagmen oder Rückbau	über 60 %

Schmelzfluss-Elektrolyse
- Gewinnung von Aluminium aus Aluminiumoxid
- Elektroden = Graphit (Wannenauskleidung Kathode, Graphitblöcke Anode)
- Kryolith Na_3AlF_6 erniedrigt Schmelztemperatur von Aluminiumoxid im Gemisch von 2045 °C auf 940 °C
- trotzdem hoher Energieverbrauch bei der Elektrolyse
- Entstehung problematischer Abgase

Galvanisieren
- elektrolytisches Überziehen eines Gegenstandes mit einer Metallschicht
- gereinigter Gegenstand als Kathode geschaltet
- taucht in Salzlösung des Überzugmetalls
- Metallstück des Überzugmetalls dient als Anode, die sich auflöst.

Eloxal-Verfahren
- Passivierung von Aluminium durch eine Oxidschicht
- Aluminiumstück wird als Anode geschaltet und in Schwefelsäure getaucht.
- Kathode = Blei oder Aluminium

Korrosion und Korrosionsschutz

ZENTRALE BEGRIFFE

→ Korrosion ist die Zersetzung eines Metalls durch Oxidation.
→ Man unterscheidet v. a. Säure- und Sauerstoffkorrosion.
→ Korrosionsschutz: Schutz vor Oberflächenkorrosion durch metallische oder nichtmetallische Überzüge oder Opferanoden.

Säure-Korrosion

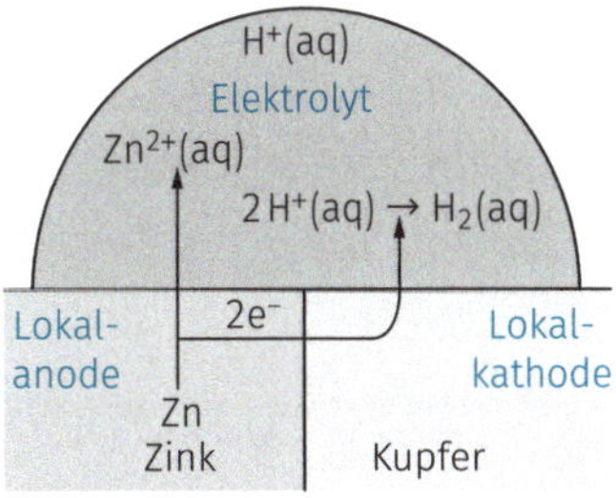

Metall löst sich in Säure (hohe Konzentration an Oxonium-Ionen) unter Bildung von Wasserstoff.

- Unedle Metalle lösen sich in verdünnten Säuren unter Wasserstoffbildung:
  $Zn\,(s) + 2\,H_3O^+(aq)$
  $\rightarrow Zn^{2+}(aq) + 2\,H_2O\,(l) + H_2\,(g)$
- Edle Metalle lösen sich nicht in verdünnten Säuren.
- Kontakt von edlem mit unedlem Metall führt zu verstärkter Wasserstoffbildung am edlen Metall → Bildung eines Lokalelementes (Elektronen fließen direkt vom unedlen zum edlen Metall, beschleunigte Redoxreaktion).

Sauerstoff-Korrosion

Sauerstoff löst sich in der Elektrolytlösung und wird zu Hydroxid-Ionen reduziert.

Beispiel: Rosten von Eisen

- Oxidation/Anode: $2\,Fe \rightarrow 2\,Fe^{2+}\,(aq) + 4\,e^-$; $E_0 = -0{,}44\,V$
- Reduktion/Kathode: $O_2\,(aq) + 2\,H_2O\,(l) + 4\,e^- \rightarrow 4\,OH^-\,(aq)$; $E_0 = 0{,}40\,V$
- Redoxreaktion: $2\,Fe + O_2\,(aq) + 2\,H_2O\,(l) \rightarrow 2\,Fe^{2+}\,(aq) + 4\,OH^-\,(aq)$
- Folgereaktionen:
  Durch Diffusion treffen sich Eisen- und Hydroxid-Ionen:
  $2\,Fe^{2+}\,(aq) + 4\,OH^-\,(aq) \rightarrow 2\,Fe(OH)_2\,(s)$
  Reaktion mit Luftsauerstoff zu „Rost“:
  $4\,Fe(OH)_2\,(s) + O_2(g) \rightarrow 4\,FeO(OH)\,(s) + 2\,H_2O\,(l)$

Faktoren, die die Sauerstoffkorrosion fördern:

- Feuchtigkeit (Elektrolytlösung)
- Salzhaltige neutrale oder alkalische Elektrolytlösung
- Sauerstoff
- Metall mit einem Redoxpotential $< 0{,}04\,V$ (O_2/OH^-) bzw. $< 0{,}8\,V$ (O_2/H_2O bei pH = 7)
- Vorhandensein edlerer Metalle → Bildung eines Lokalelementes

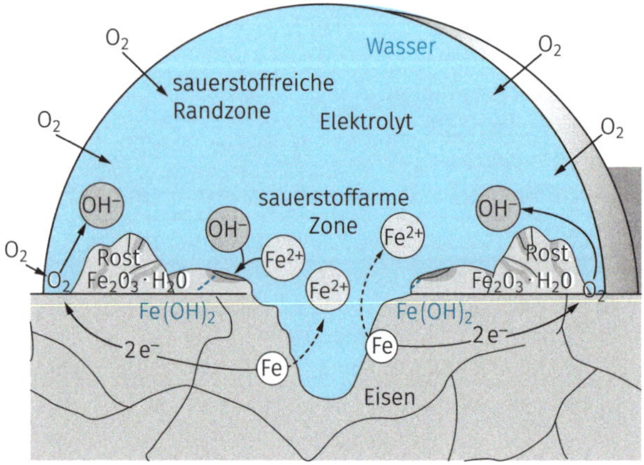

Korrosionsschutz

- Nichtmetallische Überzüge, wie Kunstharzlacke, Emaille, Öle, Salz-Anstriche (Zinkphosphat)
- Metallschutzschichten durch Galvanisieren, Schmelztauchen, Eloxieren (Al), Passivierung durch Oxidschicht
- Einsatz einer Opferanode: leitende Verbindung zwischen zu schützendem Metall (Kathode) und unedlerem Metall (Anode)

ANGEWANDTE REDOXREAKTIONEN **Checkliste**

Das sollten Sie jetzt sicher beherrschen:

→ mobile Energiequellen einteilen können
→ Vorteile der mobilen Energiequellen kennen, aber auch die Umweltbelastung abschätzen können
→ Funktionsweise von mobilen Energiequellen verstanden haben
→ Elektrolyse mit Überspannung und Zersetzungsspannung erklären können
→ Anwendungen der Elektrolyse kennen
→ Arten von Korrosion und Möglichkeiten des Korrosionsschutzes kennen

ANALYSEMETHODEN

Trennverfahren

ZENTRALE BEGRIFFE

- Element – Verbindung
- Reinstoff – Stoffgemische
- Heterogene Stoffgemische – Homogene Stoffgemische

Übersicht über verschiedene Stoffgemische

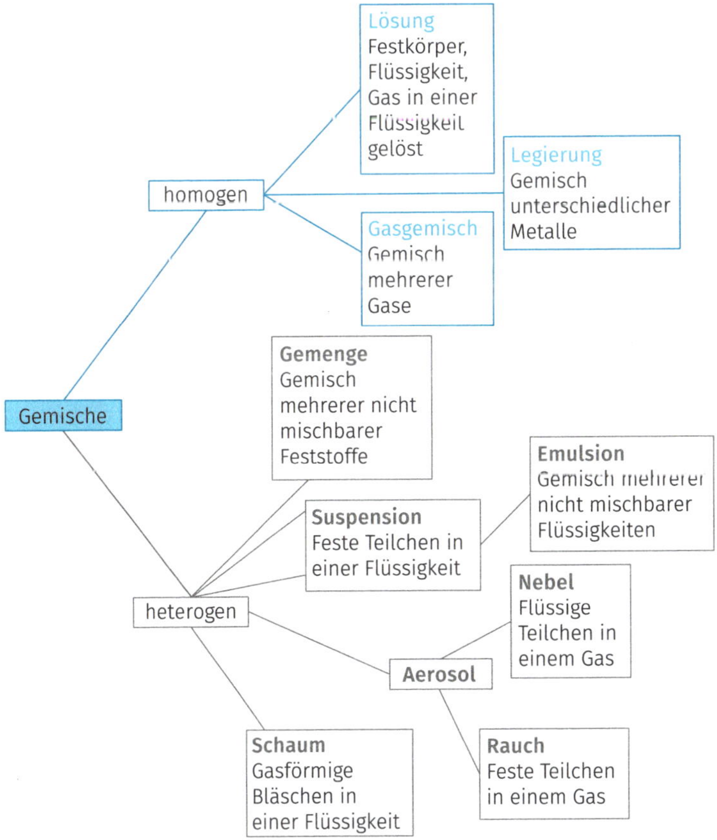

Trennung von Stoffgemischen

Stoffe werden nach unterschiedlichen Eigenschaften getrennt, z. B. nach:
- Teilchengröße
- Dichte
- Siede- oder Schmelzpunkt
- Polarität
- magnetischen Eigenschaften
- Löslichkeit

Heterogene Stoffgemische	Homogene Stoffgemische
Gemenge: sieben, extahieren	Lösung (fest/flüssig): abdampfen
Suspension: sedimentieren, zentrifugieren, filtrieren	Lösung (flüssig/flüssig): destillieren
Emulsion: Scheidetrichter	Gasgemisch: fraktionierte Kondensation

Chromatographie

- stationäre Phase (über diese läuft die Probe)
- mobile Phase (bewegt sich über die stationäre Phase, nimmt Probe mit, Laufmittel)
- Ausnützen der unterschiedlichen Polaritäten und Molekülgrößen in der zu trennenden Probe
- Dünnschichtchromatographie
- Säulenchromatographie
- Ionentauschchromatographie

Chemische Analysemethoden

Qualitative Analyse

Typische **Nachweisreaktionen** für bestimmte Stoffe:
- Wasserstoff: Knallgasprobe
- Sauerstoff: Glimmspanprobe
- Säuren/Basen: Indikator
- Metall-Ionen: Flammenfärbung
- Halogenid-Ionen: Fällung mit Silber-Ionen

- Gemisch: Trennungsgang: Sulfid-Fällung bei unterschiedlichen pH-Werten → Einzelnachweise

Sie sollten die Analyseergebnisse für die Flammenfärbung und für die Halogenid-Ionen-Fällung kennen.

Metall	Flammenfärbung
Lithium	rot
Natrium	orangegelb
Kalium	violett (mit Cobaltglas karminrot)
Calcium	ziegelrot
Strontium	karminrot
Barium	grün

Halogenid	Farbe des Silberhalogenid-Niederschlages
Fluorid	wasserlöslich, kein Niederschlag
Chlorid	weiß
Bromid	hellgelb
Iodid	gelb

Quantitative Analyse

ZENTRALE BEGRIFFE

- **Gravimetrie** (Gewichtsanalyse)
- **Konduktometrische Titration** (Änderung des Leitwerts $G = \frac{1}{R}$ einer Elektrolytlösung)
- **Säure-Base-Titration** (Neutralisationstitration), Maßanalyse
- **Redoxtitration**
- **Chelatometrie** (Bindung von Metall-Ionen durch starke Komplexbildner)

Säure-Base-Titration

Durchführung:

- Bürette mit Maßlösung (Konzentration bekannt)
- Gefäß mit Probelösung (Volumen bekannt, Konzentration gesucht)
- Probelösung mit passendem Indikator versetzen
- Maßlösung zur Probelösung tropfen
- am Äquivalenzpunkt ändert sich Indikatorfarbe
- Volumen der zugetropften Maßlösung ablesen
- Berechnen der Konzentration der Probelösung

Wichtige Formeln zur Berechnung:

$c = \frac{n}{V} \rightarrow n = c \cdot V$

Für äquivalente Stoffmengen gilt am Äquivalenzpunkt:

$n_{Probe} = n_{Maßlösung}$

$c_{Probe} \cdot V_{Probe} = c_{Maßlösung} \cdot V_{Maßlösung}$

Stoffmengenverhältnis beachten:

$H_2SO_4 + 2\ NaOH \rightarrow Na_2SO_4 + 2\ H_2O$

$n(H_2SO_4) : n(NaOH) = 1 : 2 \rightarrow n(NaOH) = 2\,n(H_2SO_4)$

Titration	Äquivalenzpunkt
starke Säure mit starker Base	bei pH = 7
starke Säure mit schwacher Base	bei pH < 7
schwache Säure mit starker Base	bei pH > 7

Für schwache Säuren gilt: Halbäquivalenzpunkt bei $pH = pK_S$

Für schwache Basen gilt: Halbäquivalenzpunkt bei $pH = 14 - pK_B$

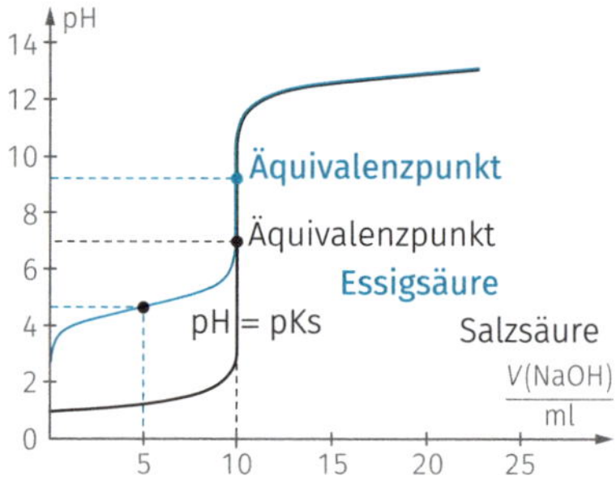

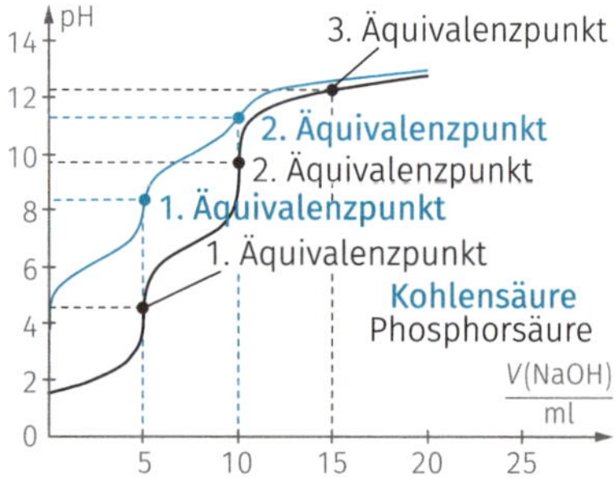

Man kann den pK_S-Wert einer schwachen Säure durch **Halbtitration** bestimmen.

- Dabei titriert man zunächst eine Probe der Säure bis zum Äquivalenzpunkt und bestimmt das dabei verbrauchte Volumen an Lauge.
- In einem weiteren Schritt titriert man das gleiche Volumen an Säure mit der halben Menge an Lauge.
- Jetzt hat man den Halbäquivalenzpunkt erreicht.
- Da für schwache Säuren gilt: $pH = pK_S$, braucht man nun nur noch den pH-Wert bestimmen.

Übungsbeispiel

100 ml einer NaOH-Lösung mit unbekannter Konzentration werden mit einer Schwefelsäure-Lösung (c = 1,0 mol/l) titriert, wobei 10 ml verbraucht werden.
Welche Konzentration hat die vorgegebene NaOH-Lösung?

Lösung:

Schwefelsäure ist eine zweiprotonige Säure.
Da HSO_4^- ebenfalls noch eine starke Säure ist, erhält man pro Schwefelsäure-Molekül zwei Protonen.

$n_{\text{Säure}} = c_{\text{Säure}} \cdot V_{\text{Säure}} = 1\,\text{mol/l} \cdot 0{,}01\,\text{l} = 0{,}01\,\text{mol}$

$n(H_3O^+) = 0{,}02\,\text{mol}$

Äquivalenzpunkt: $n(H_3O^+) = n(OH^-) = 0{,}02\,\text{mol}$

Konzentration der Natronlauge: $c = \frac{n}{V} = \frac{0{,}02\,\text{mol}}{0{,}1\,\text{l}} = 0{,}2\,\frac{\text{mol}}{\text{l}}$

Redoxtitration

Die zu bestimmende Substanz wird mit einer oxidierend oder reduzierend wirkenden Maßlösung umgesetzt. Der Äquivalenzpunkt wird meist durch charakteristische Farbreaktionen erkannt.

- **Manganometrie**
  im Sauren: $MnO_4^- + 8\ H_3O^+ + 5\ e^- \rightarrow Mn^{2+} + 12\ H_2O$; $E_0 = 1{,}51\,V$
  im Alkalischen: $MnO_4^- + 2\ H_2O + 3\ e^- \rightarrow MnO_2 + 4\ OH^-$; $E_0 = 1{,}68\,V$
  Indikator: Entfärben der violetten Permanganat-Lösung

- **Iodometrie**
  $I_2 + 2\ e^- \rightarrow 2\ I^-$; $E_0 = 0{,}54\,V$
  Indikator: Stärkelösung mit elementarem Iod blauschwarz, sonst farblos

Spektroskopie

Spektroskopische Methoden arbeiten mit verschiedener elektromagnetischer Strahlung.

Man erhält Absorptionsspektren, die Aufschluss über Atome oder/und Bindungen im Molekül geben.

- UV-Spektroskopie (Ultraviolett-Strahlung)
- IR-Spektroskopie (Infrarot-Strahlung)
- Röntgenstrukturanalyse (Röntgen-Strahlung)
- NMR-Spektroskopie (Magnetische Kernresonanz)
- Massenspektrometrie (ionisierte Atome/Moleküle werden beschleunigt und im magnetischen/elektrischen Feld abgelenkt)

Abi Tipp

QUANTITATIVE ANALYSE

Hier kann man gut mehrere Wissensgebiete mit einem Thema abprüfen:

- Man kann z. B. Wissen über Säuren und Basen zusammen mit der Titration abfragen, genauso wie Indikatoren und damit Farbstoffe und auch die Säure- und Base-Stärke.
- Entsprechend kann bei Redoxtitrationen das Wissen über Oxidation und Reduktion mit geprüft werden.
- Zudem gibt es viele Möglichkeiten für Grafiken und typische Ergebniskurven für die unterschiedlichen Titrationen, die dann ausgewertet werden können.

ANALYSEMETHODEN — Checkliste

Das sollten Sie jetzt sicher beherrschen:

→ Möglichkeiten der Trennung von Stoffgemischen nach bestimmten Stoffeigenschaften kennen
→ bei einer Säure-Base-Titration die Konzentration der Probelösung berechnen
→ spektrometrische Methoden kennen

ALIPHATISCHE ORGANISCHE VERBINDUNGEN

Kohlenwasserstoffe

Übersicht

Einteilung der Kohlenwasserstoffe

- aliphatische und aromatische Kohlenwasserstoffe
- gesättigte (nur C—C-Einfachbindungen) und ungesättigte (auch C=C-Doppelbindungen und C≡C-Dreifachbindungen) Kohlenwasserstoffe
- mehrere Doppelbindungen: kumuliert, isoliert oder konjugiert

Benennung

- Wortstämme + Endung
- C_1 bis C_4 Trivialnamen: meth-, eth-, prop-, but-
- ab C_5 mit griechischen Zahlwörtern: penta, hexa, hepta, octa, nona, deca
- Endung typisch für die verschiedenen Kohlenwasserstoffe

Das Kohlenstoff-Atom

- vier Valenzelektronen in s- und p-Orbitalen
- Bildung von Hybridorbitalen mit gleichem Energieniveau
- Hybridorbitale aus s- und p-Orbitalen heißen sp^n-Orbitale
  n = Anzahl der an der Hybridisierung beteiligten p-Orbitale

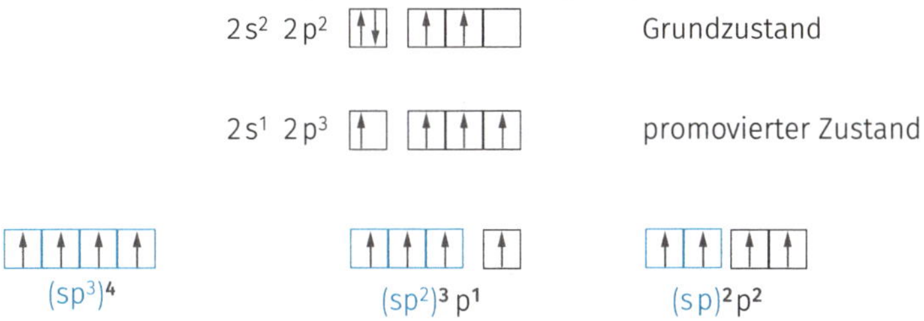

- sp^3-hybridisiertes Kohlenstoff-Atom:
  vier Hybridorbitale

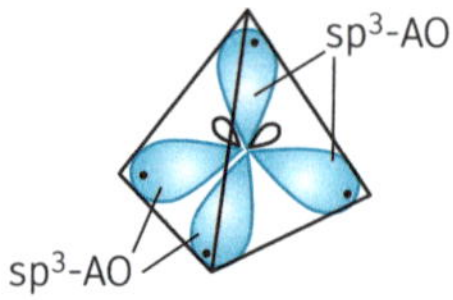

- sp^2-hybridisiertes Kohlenstoff-Atom:
  3 Hybridorbitale, 1 p-Orbital

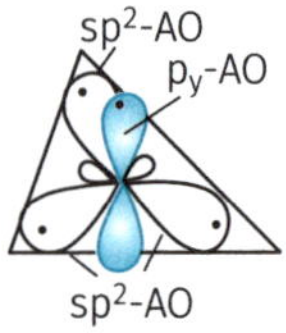

- sp-hybridisiertes Kohlenstoff-Atom:
  2 Hybridorbitale, 2 p-Orbitale

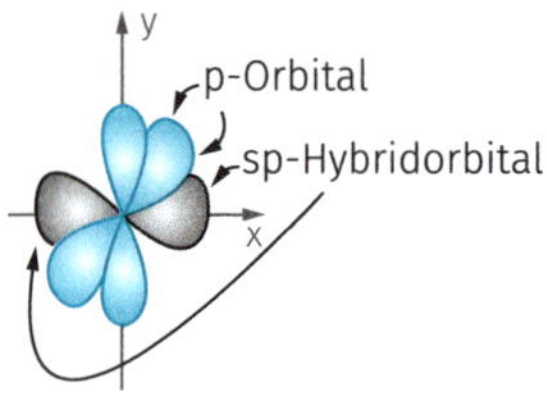

Übersicht über die Hybridisierungen

Bindungswinkel	109°	120°	180°
Hybridisierung	sp^3	sp^2	sp
Molekül-geometrie	Tetraeder	trigonal-planar	linear
Anzahl der Elektronen-einheiten	4, z. B. nur Einfachbindungen am Atom	3, z. B. eine Doppelbindung am Atom	2, z. B. eine Dreifachbindung oder zwei Doppelbindungen am Atom
Beispiele	CH_4 (alle Alkane)	Ethen (alle C-Atome der Alkene mit C=C-Doppelbindung), C-Atom und O-Atom der Carbonyl-Gruppe	Ethin, C-Atom im CO_2-Molekül

Alkane

ZENTRALE BEGRIFFE

- Allgemeine Summenformel: C_nH_{2n+2}
- Hybridisierung C-Atom: sp^3
- Umgebung des C-Atoms: tetraedrisch, Bindung drehbar
- Benennung: Wortstamm + -an
- zwischenmolekulare Kräfte: VAN-DER-WAALS-Kräfte

Bindungsverhältnisse im Alkan am Beispiel Methan und Ethan:
Alle Bindungen sind gleichwertig. Die überlappenden Atomorbitale bilden σ-Bindungen aus.

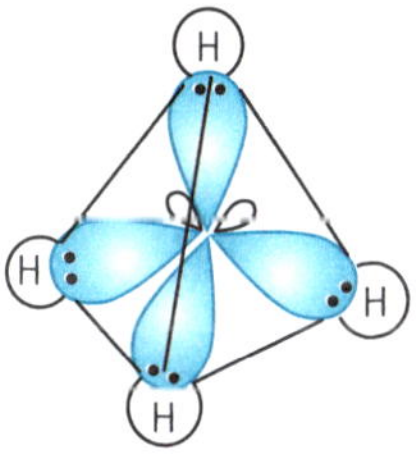

Das Methanmolekül

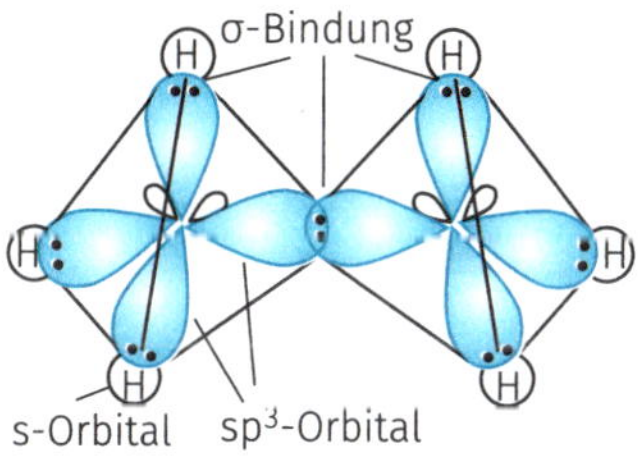

Das Ethanmolekul

Typische Reaktion mit Halogenen: Radikalische Substitution

- Startreaktion:
  homolytische Spaltung des Halogenmoleküls durch UV-Licht
  Bildung von Radikalen

  $|\overline{\underline{Cl}} - \overline{\underline{Cl}}| \xrightarrow{h \cdot v} |\overline{\underline{Cl}}\cdot + \cdot\overline{\underline{Cl}}|$

- Kettenreaktion:
  Radikal spaltet vom Alkan ein Wasserstoff-Atom ab
  Bildung eines Alkan-Radikals, welches mit Halogenmolekül reagiert

  $H_3C - H + \cdot\overline{\underline{Cl}}| \longrightarrow H_3C\cdot + H - \overline{\underline{Cl}}|$

  Bildung eines Halogenalkans und eines Halogenradikals

  $H_3C\cdot + |\overline{\underline{Cl}} - \overline{\underline{Cl}}| \longrightarrow H_3C - \overline{\underline{Cl}}| + \cdot\overline{\underline{Cl}}|$

- Abbruchreaktion:
  Zwei Radikale reagieren miteinander
  $H_3C\cdot + \cdot CH_3 \longrightarrow H_3C-CH_3$

  $|\overline{\underline{Cl}}\cdot + \cdot\overline{\underline{Cl}}| \longrightarrow |\overline{\underline{Cl}} - \overline{\underline{Cl}}|$

  $|\overline{\underline{Cl}}\cdot + \cdot CH_3 \longrightarrow |\overline{\underline{Cl}} - CH_3$

Physikalische Eigenschaften
Steigende Siedepunkte der Verbindungen mit zunehmender Kettenlänge und damit größerer Oberfläche

Cycloalkane: Alkane mit Ringstruktur

Isomerien:
- Konstitutionsisomerie (unterschiedliche Verzweigung)
- Konformationsisomerie (Stellungsisomerie, z. B. Ethan: ekliptisch/gestaffelt – z. B. Cyclohexan: Sessel-/Wannenkonformation) Unterscheidung durch Drehung um die C–C-Einfachbindung

Alkene

ZENTRALE BEGRIFFE

- Allgemeine Summenformel bei einer Doppelbindung: C_nH_{2n}
- Hybridisierung C-Atom: sp^2
- Umgebung des C-Atoms: trigonal planar, Doppelbindung nicht drehbar
- Benennung: Wortstamm + -en
- zwischenmolekulare Kräfte: VAN-DER-WAALS-Kräfte

Bindungsverhältnisse im Alken am Beispiel Ethen:
Die Hybridorbitale bilden σ-Bindungen, die überlappenden p-Orbitale bilden eine π-Bindung, die Teil der Doppelbindung ist.

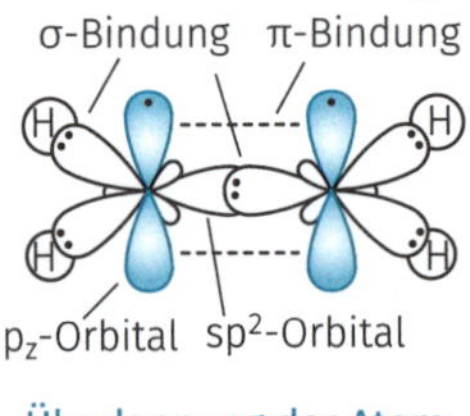

Überlappung der Atom-Orbitale im Ethen-Molekül

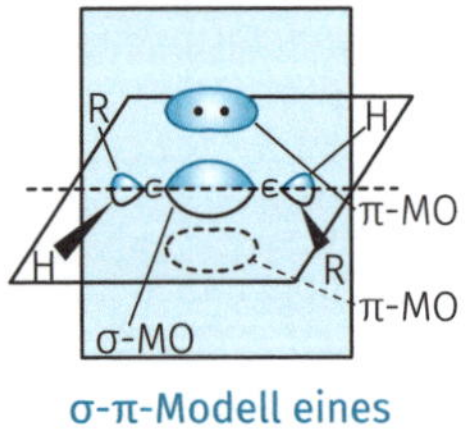

σ-π-Modell eines Alken-Moleküls

mehrere Doppelbindungen

kumuliert | isoliert | konjugiert

Konfigurationsisomerie = Z/E-Isomerie:
Stellung gleicher Substituenten an der Doppelbindung
Z: gleiche Substituenten auf der gleichen Seite (**z**usammen)
E: gleiche Substituenten auf unterschiedlichen Seiten (**e**ntgegen)

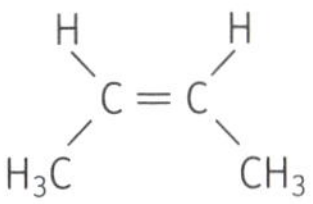
Z-Buten

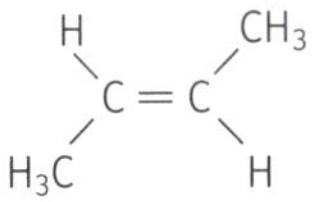
E-Buten

Typische Reaktion mit Halogenen: Elektrophile Addition

- Hohe Elektronendichte an der Doppelbindung
- Angriff eines elektrophilen Teilchens erleichtert
- Mechanismus in zwei Schritten:
  1. Bildung eines π-Komplexes als Übergangszustand und anschließend eines σ-Komplexes als Zwischenstufe
  = cyclisches Halogenium-Ion

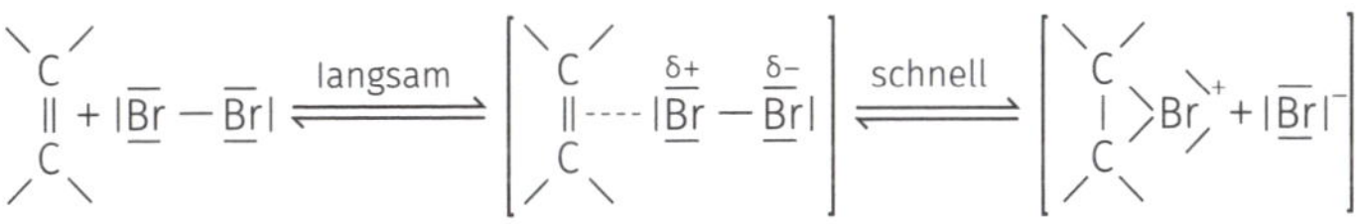

π-Komplex (Tradukt) σ-Komplex (Interdukt)

  2. Nucleophiler Rückseitenangriff des Halogenid-Ions führt zum Dihalogenalkan.

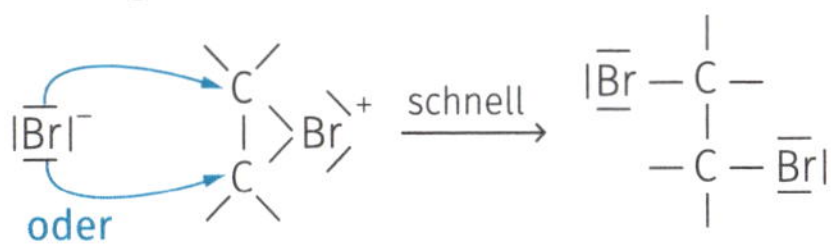

cyclisches Bromium-Ion
1,2-Dibromethan

Elektrophil: elektronensuchendes Teilchen, greift an Doppelbindung an. Bei der elektrophilen Addition üben die Substituenten einen Einfluss aus:

- +I-Effekt Substituent erhöht Elektronendichte, EN < C
- −I-Effekt Substituent entzieht Elektronen, EN > C

Physikalische Eigenschaften

Steigende **Siedepunkte** der Verbindungen mit zunehmender Kettenlänge und damit größerer Oberfläche

Alkine

ZENTRALE BEGRIFFE

- Allgemeine Summenformel: C_nH_{2n-2}
- Hybridisierung C-Atom: sp
- Umgebung des C-Atoms: linear, Dreifachbindung nicht drehbar
- Benennung: Wortstamm + -in
- zwischenmolekulare Kräfte: VAN-DER-WAALS-Kräfte

Bindungsverhältnisse im Alkin am Beispiel Ethin:

Die Hybridorbitale bilden σ-Bindungen, die überlappenden p-Orbitale bilden zwei π-Bindungen, die mit einer σ-Bindung die Dreifachbindung ergeben.

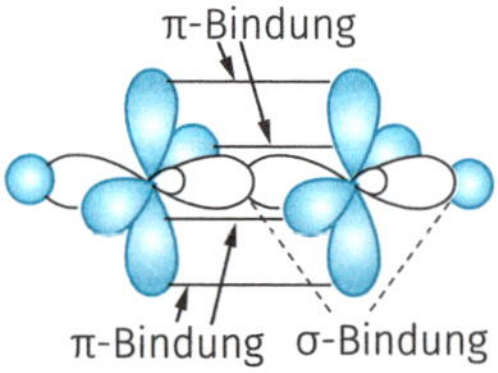

Typische Reaktion mit Halogenen: Elektrophile Addition

(Auflösen der Dreifachbindung zu Doppel- bzw. Einfachbindung)

Physikalische Eigenschaften

Steigende **Siedepunkte** mit zunehmender Kettenlänge/größerer Oberfläche

Isomerien

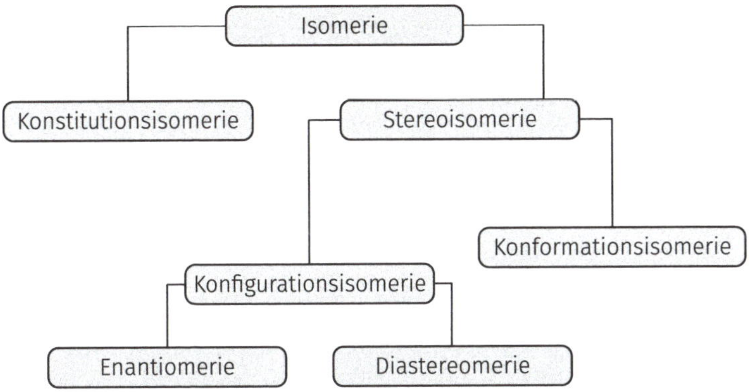

Isomerie
Isomere sind Verbindungen mit gleicher Summenformel, aber unterschiedlicher Struktur.

Konstitutionsisomerien
(gleiche Summenformel, unterschiedliche Verknüpfung der Atome)
- Stellungsisomerie: n-Butan, i-Butan
- Funktionsisomerie: Ethanol, Dimethylether
- Tautomerie: Keto-Enol-Tautomerie bei Glucose und Fructose
- Valenzisomerie: Buta-1,3-dien, Cyclobuten

Konformationsisomerie
gleiche Summenformel, Verknüpfung der Atome gleich,
Stellung der Atome/Atomgruppen zueinander ist aufgrund der Drehung um die C–C-Einfachbindung unterschiedlich

Enantiomerie
gleiche Summenformel, gleiche Verknüpfung der Atome,
Moleküle verhalten sich wie Bild und Spiegelbild

Diastereomerie
gleiche Summenformel, Verknüpfung der Atome gleich,
unterscheiden sich in der Konfiguration (der Stellung zueinander),
bei mehreren Stereozentren, die sich aber nicht alle in der Konfiguration unterscheiden und die sich nicht wie Bild und Spiegelbild verhalten

Alkohole

ZENTRALE BEGRIFFE

- Funktionelle Gruppe: –OH Hydroxy-Gruppe
- Benennung: Wortstamm + -ol
- zwischenmolekulare Kräfte:
  VAN-DER-WAALS-Kräfte
  Wasserstoffbrückenbindung

Eigenschaften

- Wasserlöslichkeit aufgrund Hydroxy-Gruppe
- Wasserlöslichkeit sinkt mit steigender Alkylkettenlänge
- Siedepunkte höher als entsprechende Alkane (Wasserstoffbrückenbindung)

Einteilung nach Stellung der Hydroxy-Gruppen:

primärer Alkohol	sekundärer Alkohol	tertiärer Alkohol
$R-CH_2-OH$	$R(R')CH-OH$	$R-C(R')(R'')-OH$

Einteilung nach Anzahl der Hydroxy-Gruppen:

einwertiger Alkohol	zweiwertiger Alkohol	dreiwertiger Alkohol
CH_3-OH Methanol	$CH_2(OH)-CH_2(OH)$ Ethan-1,2-diol	$CH_2(OH)-CH(OH)-CH_2(OH)$ Propan-1,2,3-triol

Reaktionen der Alkohole

- Protonenabgabe oder –aufnahme,
  Reaktion als BRÖNSTED-Säure oder -Base
  - Alkohol als BRÖNSTED-Base:

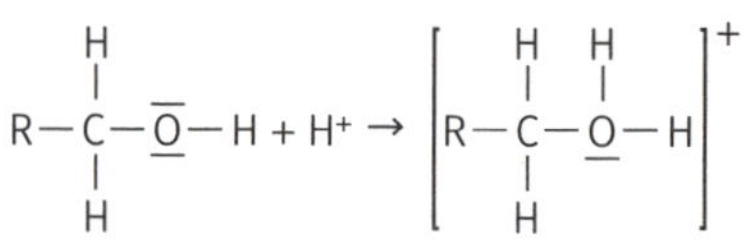

- Alkohol als BRÖNSTED-Säure

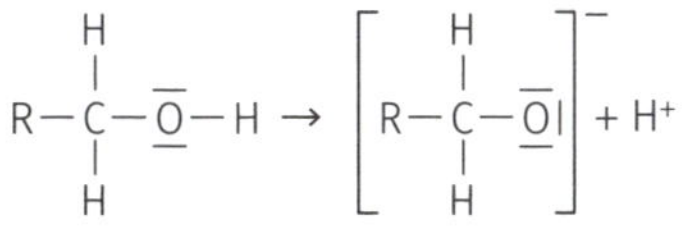

- Reaktion mit Alkali-Metallen

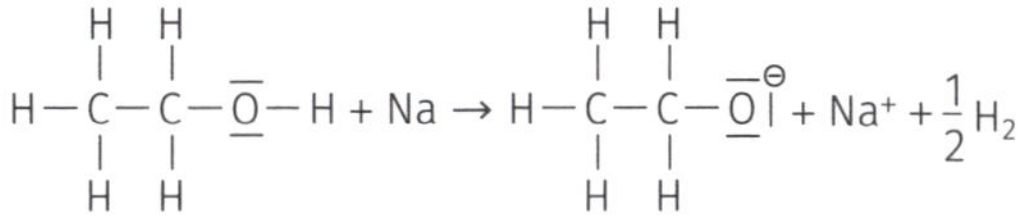

Ethanol Ethanolat-Ion

- Esterbildung mit Säuren (siehe Ester)

Oxidationsprodukte (Oxidationsmittel: $KMnO_4$, $K_2Cr_2O_7$, CuO):
Primäre Alkohole → Aldehyde
Sekundäre Alkohole → Ketone
Tertiäre Alkohole → Oxidation nur unter drastischen Bedingungen möglich

Ether

ZENTRALE BEGRIFFE

- Funktionelle Gruppe: C—O—C Ether-Gruppe
- Benennung: Alkylreste + -ether
- zwischenmolekulare Kräfte: VAN-DER-WAALS-Kräfte

Konstitutionsisomere zu entsprechenden Alkoholen:

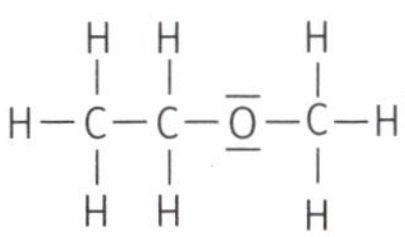

Ethylmethylether
Isomer zu Propanol

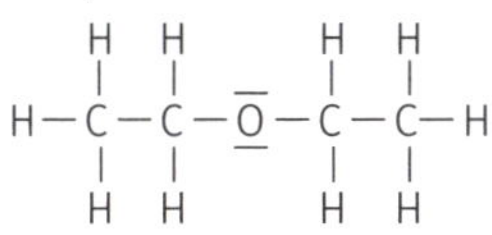

Diethylether
Isomer zu Butanol

Eigenschaften

- niedrigere Siedepunkte als Alkohole, da keine Wasserstoffbrückenbindung
- Bildung von instabilen Peroxiden —C—O—O—C— durch Selbstoxidation.

Alkanale (Aldehyde)

ZENTRALE BEGRIFFE

- Funktionelle Gruppe: –CHO Aldehyd-Gruppe
- Benennung: Wortstamm + -al
- Zwischenmolekulare Kräfte:
  VAN-DER-WAALS-Kräfte
  Dipol-Dipol-Wechselwirkung

Eigenschaften

- Siedepunkte höher als entsprechende Alkane (polare C=O-Bindung), aber niedriger als entsprechende Alkohole (fehlende Wasserstoffbrückenbindung)
- Wasserlöslichkeit sinkt mit zunehmender Kettenlänge

Nachweisreaktionen

- FEHLING-Probe (Nachweis der reduzierenden Wirkung)
  FEHLING I: Kupfersulfat-Lösung und FEHLING II: alkalische Na/K-Tartrat-Lösung mischen, Probe dazu, erwärmen → bei Rotfärbung positiv, Bildung von rotem Cu_2O

  Oxidation:

  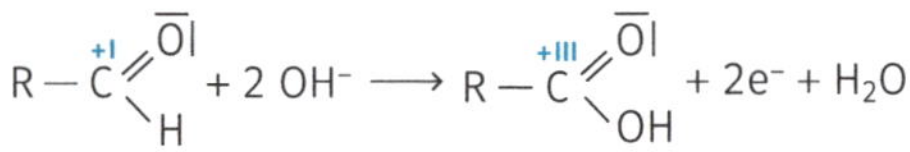

  Reduktion:

  $$2\ \overset{+II}{Cu^{2+}} + 2\ OH^- + 2e^- \longrightarrow \overset{+I}{Cu_2}O\downarrow + H_2O$$

  Redoxreaktion:

  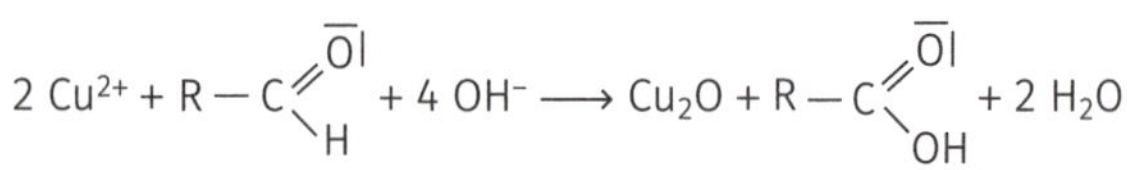

- Silberspiegel-Probe/TOLLENS'sche Probe (Nachweis der reduzierenden Wirkung)
  Silbernitrat-Lösung tropfenweise mit Ammoniak versetzen bis entstandener Niederschlag sich wieder auflöst, Probe dazu, vorsichtig erwärmen → bei Silberspiegelbildung positiv, Reduktion von Ag^+ zu Ag

Oxidation:

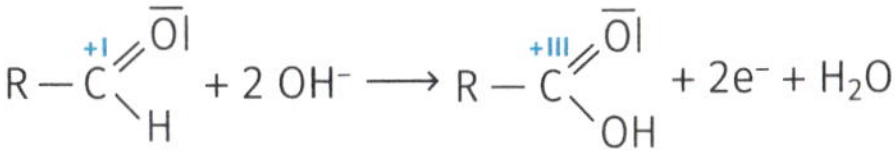

Reduktion:

$$2\,\overset{+I}{Ag^+} + 2e^- \longrightarrow 2\,\overset{0}{Ag}$$

Redoxreaktion:

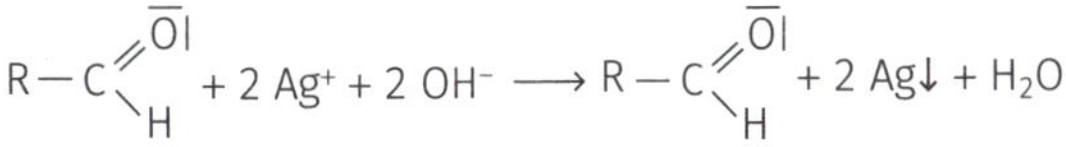

Schiff'sche Probe

Mit dem Schiff-Reagenz (Fuchsinschwefelige Säure) bilden Aldehyde einen violetten Farbstoff.

Nucleophile Additionsreaktionen

- Nucleophile Additionsreaktion mit Alkoholen zu Halb- und Vollacetalen (vgl. Kohlenhydrate – glykosidische Bindung).
- Nucleophile Addition auch möglich mit: NH_3, H_2O, HCN
- Immer säure- oder basenkatalysiert

Abi Tipp

NUKLEOPHILE SUBSTITUTION

Ein Nukleophil (Elektronenpaar-Donator) reagiert mit einer organischen Verbindung, die durch ein elektronenziehendes Hetero-Atom ein positiviertes Kohlenstoff-Atom besitzt, z. B. Halogenalkane, Alkohole, Halogencarbonsäuren. Das Hetero-Atom wird durch das Nukleophil ersetzt.

S_N1

- monomolekularer Mechanismus
- Bildung eines Carbo-Kations ist der geschwindigkeitsbestimmende Schritt
- zweistufiger Reaktionsverlauf

S_N2

- bimolekularer Mechanismus
- Nukleophil nähert sich positivem Kern bei gleichzeitiger Entfernung des substituierten Teilchens
- einstufiger Reaktionsverlauf

Alkanone (Ketone)

ZENTRALE BEGRIFFE

- Funktionelle Gruppe: —C=O Keto-Gruppe/Oxo-Gruppe
- Benennung: Wortstamm + -on
- zwischenmolekulare Kräfte:
  VAN-DER-WAALS-Kräfte
  Dipol-Dipol-Wechselwirkung

Eigenschaften

- Siedepunkte höher als entsprechende Alkane (polare C=O-Bindung), aber niedriger als entsprechende Alkohole (fehlende Wasserstoffbrückenbindung)
- Wasserlöslichkeit sinkt mit zunehmender Kettenlänge

Nucleophile Additionsreaktion

- Nucleophile Additionsreaktion mit Alkoholen zu Halb- und Vollketalen

Typische Isomerien

- Stellungsisomerie mit Aldehyden
  Beispiel: Propanon und Propanal

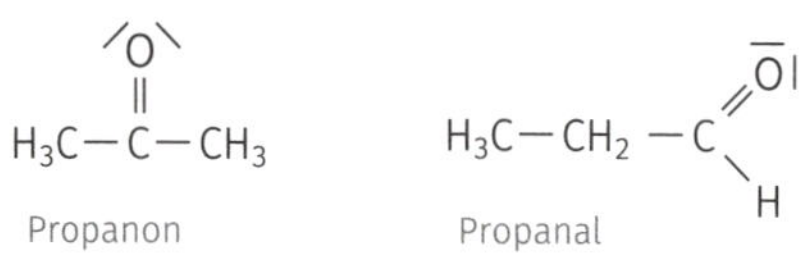

- Keto-Enol-Tautomerie: Aldehyd – Enolat-Ion – Keton

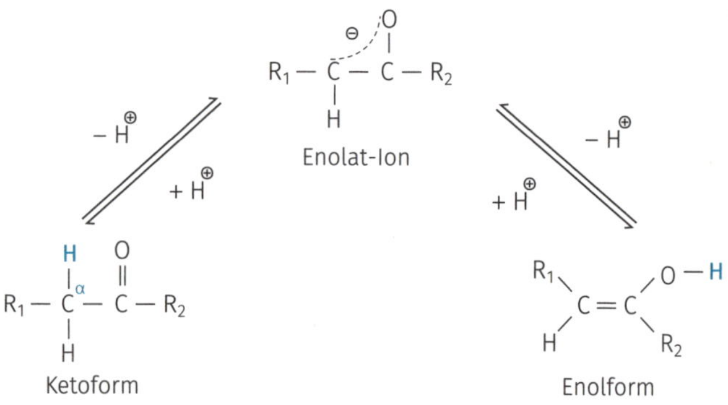

Carbonsäuren

ZENTRALE BEGRIFFE

- Funktionelle Gruppe: —COOH, Carboxy-Gruppe
- Benennung: Alkan + -säure
- zwischenmolekulare Kräfte:
  VAN-DER-WAALS-Kräfte
  Wasserstoffbrückenbindung

Eigenschaften

- höhere Siedepunkte als vergleichbare Alkohole, da starke Wasserstoffbrückenbindungen und Dimerbildung
- Wasserlöslichkeit sinkt mit zunehmender Kettenlänge

Einteilung

Langkettige Carbonsäuren = Fettsäuren
Gesättigt (nur Einfachbindungen) – ungesättigt (mit Doppelbindungen) (siehe Biomoleküle)
Man verwendet gerne Trivialnamen: Ameisensäure (C1), Essigsäure (C2), Propionsäure (C3), Buttersäure (C4)

BRÖNSTED-Säuren: Abgabe von Protonen
Bildung eines mesomeriestablilisierten Carboxylat-Ions

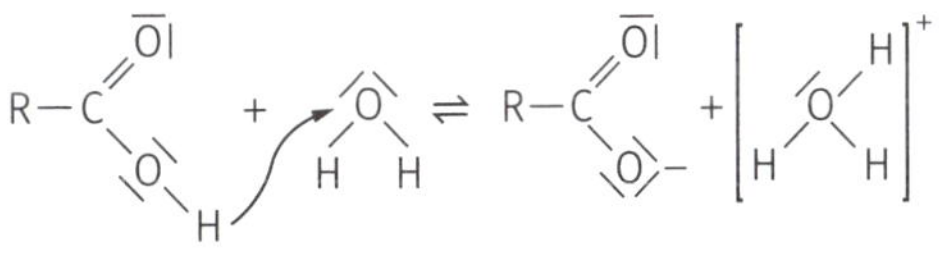

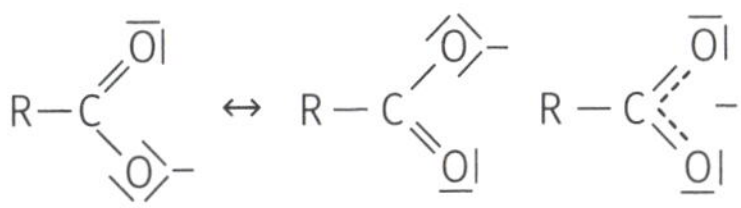

Einteilung

- Mono-, Di-, Trialkansäuren (nach Anzahl der Carboxy-Gruppen)
- Halogenalkansäuren (–I-Effekt, Protonenabgabe erleichtert)
- Hydroxycarbonsäuren (Milchsäure/2-Hydroxypropansäure, chirales Molekül)

Mit Alkoholen Bildung von Estern (siehe Ester)

Ester

ZENTRALE BEGRIFFE

- Funktionelle Gruppe: –COO-Alkyl Ester-Gruppe
- Benennung: Säurename + Alkylrest + ester
- zwischenmolekulare Kräfte: VAN-DER-WAALS-Kräfte
  Dipol-Dipol-Wechselwirkung

Eigenschaften

- schlecht wasserlöslich, kurzkettige Ester mit niedrigen Siedepunkten
- oft **Aromastoffe**
  Beispiel: Ananas- und Birnenaroma
  1. Ananasaroma: Buttersäureethylester

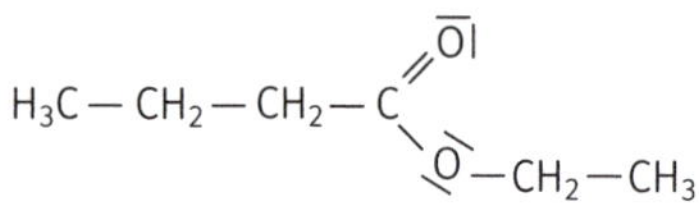

  2. Birnenaroma: Essigsäurehexylester

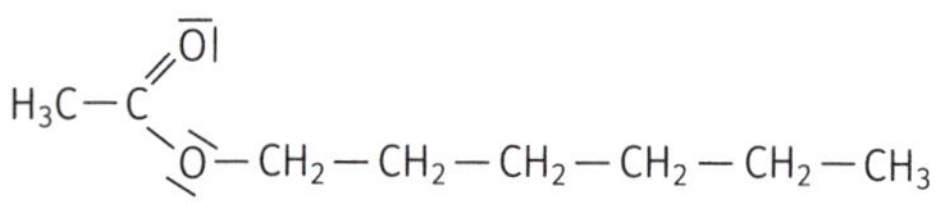

Bildungsreaktion (Gleichgewichtsreaktion, reversibel)

- Veresterung (Kondensationsreaktion, da H_2O entsteht). Das Proton kommt von Alkanol, die Hydroxy-Gruppe von der Carbonsäure

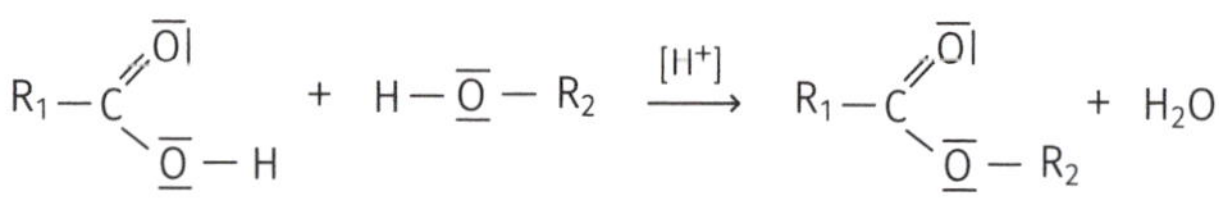

- Esterhydrolyse

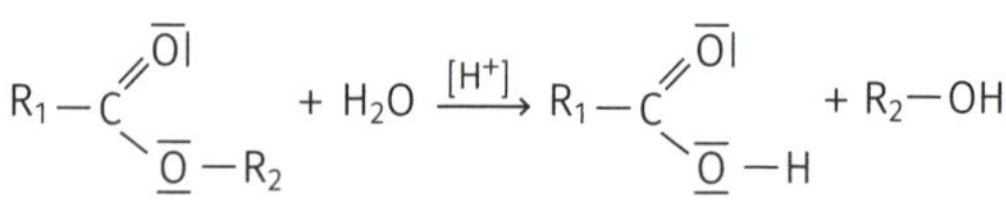

Alkalische Hydrolyse

Irreversibel, da mesomeriestabilisiertes Carboxylat-Ion und Alkohol entstehen

Übersicht über die aliphatischen Kohlenwasserstoffe mit Sauerstoff-Atomen

Name	funktionelle Gruppe	Strukturformel	Benennung
Alkohole/ Alkanole	Hydroxy-Gruppe	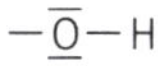	Alkan + -ol
Ether	Ether-Gruppe	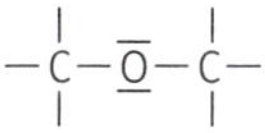	Alkylreste + -ether
Aldehyde/ Alkanale	Aldehyd-Gruppe	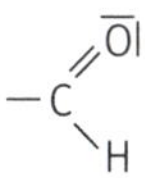	Alkan + -al
Ketone/ Alkanone	Keto-/Oxo-/ Carbonyl-Gruppe		Alkan + -on
Carbon-säuren	Carboxy-Gruppe	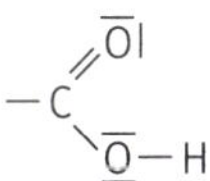	Alkan + -saure
Ester	Ester-Gruppe	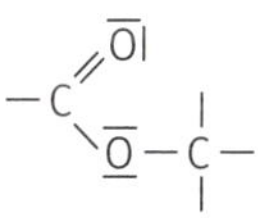	Carbonsäure + Alkylrest + -ester

ALIPHATISCHE ORGANISCHE VERBINDUNGEN — Checkliste

Das sollten Sie jetzt sicher beherrschen:

- → Benennung verschiedener Kohlenwasserstoffe
- → Alkane, Alkene und Alkine als Kohlenwasserstoffe mit ihren typischen Eigenschaften und Reaktionsmechanismen kennen
- → Isomerie-Formen unterscheiden
- → Alkohole, Ether, Aldehyde, Ketone und Ester erkennen und benennen können
- → Einfluss der funktionellen Gruppe auf die Moleküleigenschaften deuten

11 AROMATEN

Das aromatische System

Benzol (Benzen)

Charakterisierung

- Summenformel C_6H_6
- Sechsringstruktur
- planar
- alle C—C-Bindungsabstände gleich lang (139 pm), das entspricht einem Abstand zwischen einer C—C-Einfach- und einer C=C-Doppelbindung
- alle Bindungswinkel 120°
- Bindungselektronen der Doppelbindung sind über das gesamte Ringssystem verteilt ⇒ hohe Stabilität

Orbitaltheorie

- Die Elektronen der Doppelbindung befinden sich in einem hantelförmigen p-Orbital, das senkrecht zur Ringebene steht.
- Alle Elektronen der Kohlenstoff-Atome, die sich in diesen p-Orbitalen befinden (π-Elektronen), bilden oberhalb bzw. unterhalb der Ringebene eine Elektronenwolke, das sogenannte π-Elektronensystem.

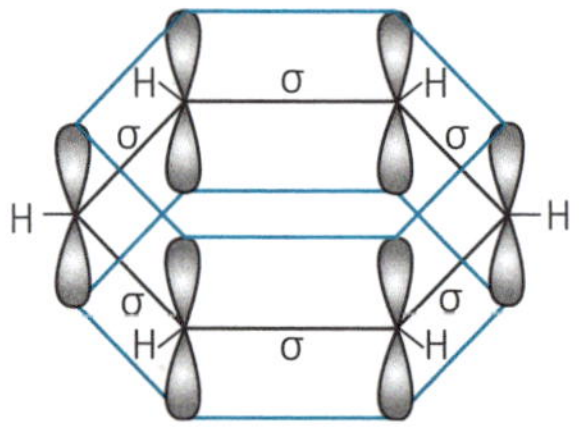

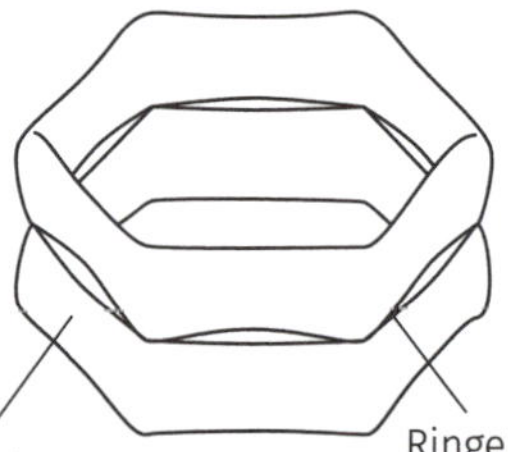

ZENTRALE BEGRIFFE

- **konjugierte Doppelbindungen**
  immer abwechselnd Einfach- und Doppelbindung
- **aromatisches System**: ringförmiger Kohlenwasserstoff mit $4n + 2$ delokalisierten π-Elektronen
- **Mesomerie**: nur Grenzstrukturen und Elektronensystem zeichenbar, wahrer Zustand liegt zwischen den **Grenzstrukturen**

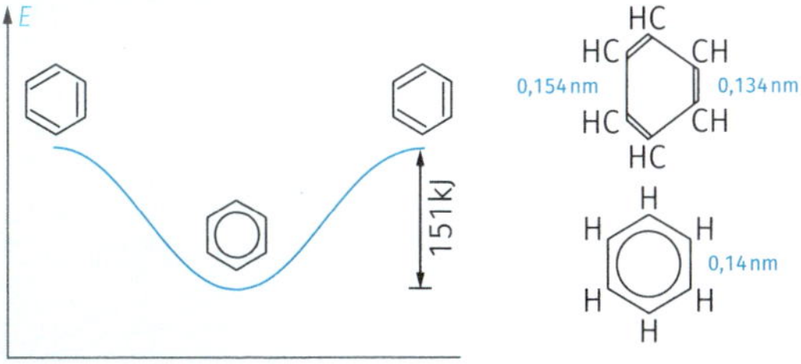

- **Mesomerieenergie**: Energiedifferenz zwischen Grenzstrukturen und tatsächlichem mesomeren Zustand

Abi Tipp

MESOMERE GRENZSTRUKTUREN

Mesomere Grenzstrukturen sind von enormer Bedeutung, wenn man die Stabilität eines Moleküles erkennen will. Je mehr gleichwertige Grenzstrukturen man zeichnen kann, desto besser sind die π-Elektronen verteilt und desto stabiler ist das System. Dieses Wissen brauchen Sie vor allem bei den Farbstoffmolekülen, aber auch bei den Biomolekülen kommen gerne Fragen zur Mesomerie.

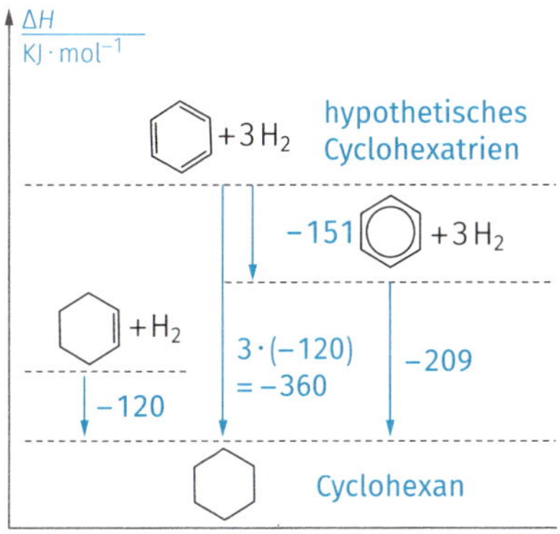

Die elektrophile Substitution

Aromaten reagieren mit Substitutionsreaktionen um das aromatische System wiederherzustellen.

- Zur Bromierung von Benzol ist ein Katalysator nötig, der das Brom-Molekül polarisiert.
- Das positiv teilgeladene Brom-Atom kann als elektrophiles Teilchen am aromatischen System mit erhöhter Elektronendichte angreifen und wird addiert.
- Das entstehende Carbenium-Ion ist mesomeriestabilisiert.
- Zur Rückbildung des aromatischen Systems wird ein Proton abgegeben.

Elektrophiles Teilchen bindet an das aromatische System

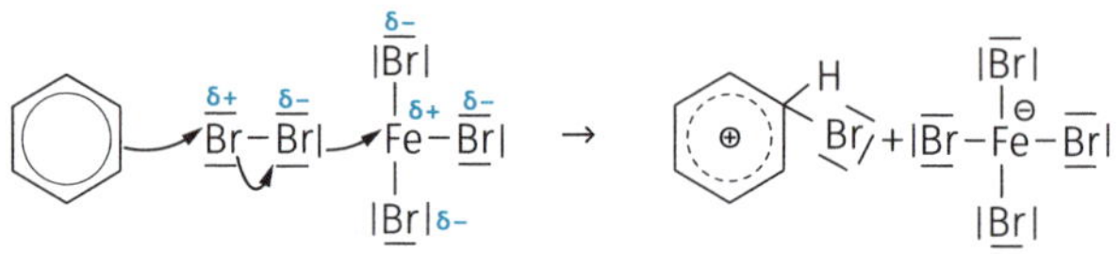

mesomeriestabilisiertes Carbenium-Ion

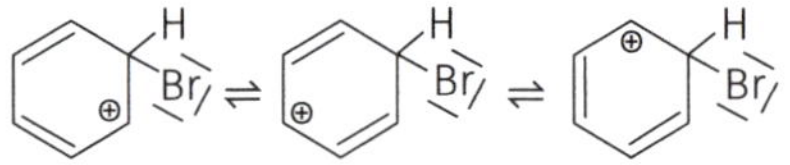

Rückbildung des aromatischen Systems

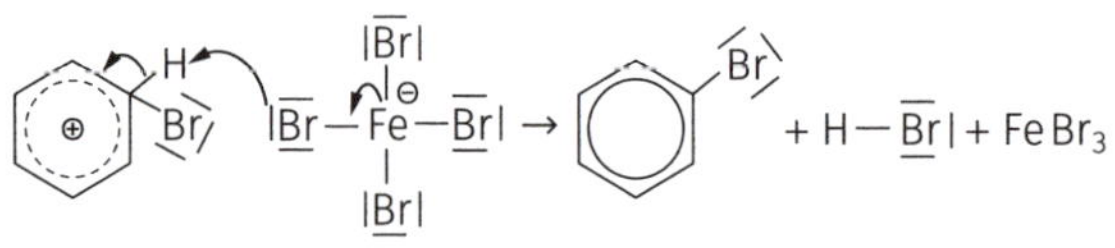

Weitere Reaktionen von Aromaten

Außer mit Halogenen können Aromaten mit weiteren Nukleophilen reagieren:

Nitrierung

- **Durchführung, Reaktionsgleichung**
  Aus einem Gemisch von konzentrierter Schwefelsäure und rauchender Salpetersäure (Nitriersäure) entsteht ein Nitroniumion (NO_2^+), welches mit Benzol zu Nitrobenzol reagiert:
  Reaktionsgleichung der Nitrierung: $HNO_3 + H_2SO_4 \rightarrow HSO_4^- + NO_2^+ + H_2O$

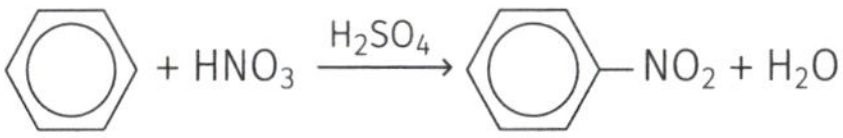

Nitrobenzol

- **Reaktionsmechanismus**

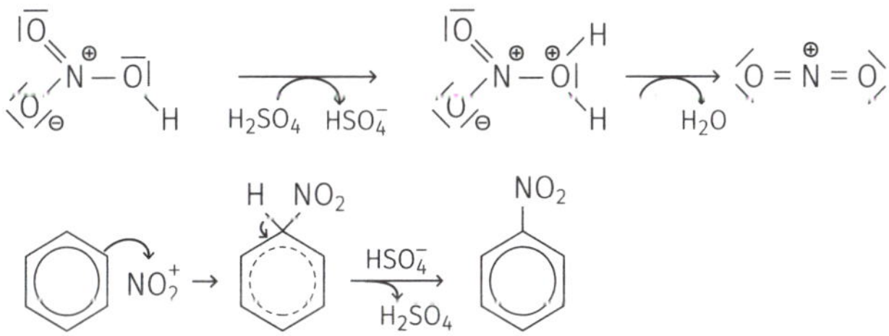

π-Komplex σ-Komplex Nitrobenzol

Sulfonierung

- **Durchführung, Reaktionsgleichung**
  Mit rauchender Schwefelsäure entsteht Benzolsulfonsäure. Im Gegensatz zur Bromierung und Nitrierung ist diese Reaktion reversibel.

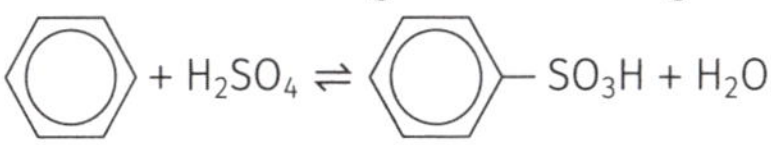

Benzolsulfonsäure

- **Reaktionsmechanismus**

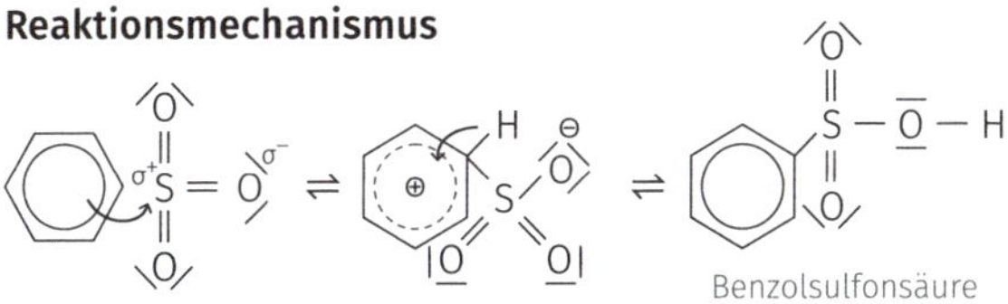

π-Komplex σ-Komplex Benzolsulfonsäure

Alkylierung (FRIEDEL-CRAFTS-Reaktion)

- **Durchführung, Reaktionsgleichung**
  Mit Aluminiumchlorid als Katalysator können auch Halogenalkane mit Benzol reagieren. Das durch den Katalysator stärker positivierte C-Atom reagiert mit Benzol unter Bildung eines π-Komplexes; die Stabilisierung erfolgt durch Abspaltung eines Protons.
  Bei Verwendung von Chlormethan entsteht Toluol (Methylbenzol).

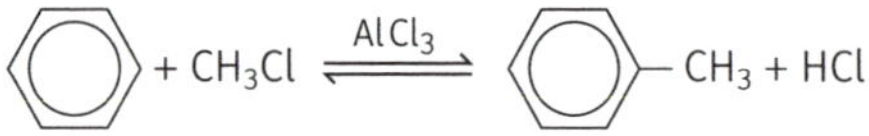

Toluol

- **Reaktionsmechanismus**

π -Komplex

σ -Komplex

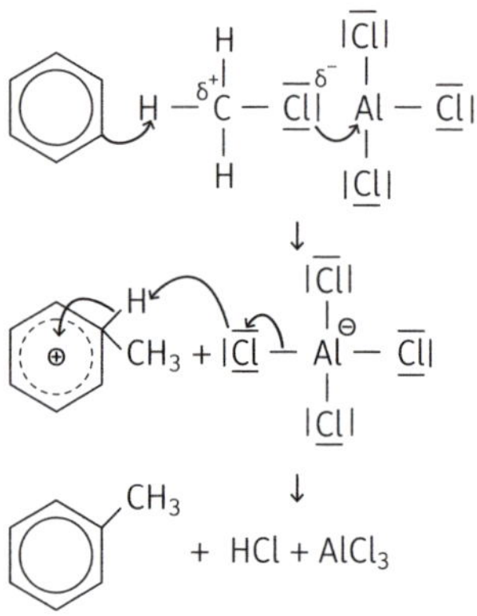

Weitere Reaktionen

Mit Aluminiumchlorid oder Schwefelsäure als Katalysator reagieren Aromaten auch mit Alkenen, Alkanalen, Alkanonen und Carbonsäurederivaten

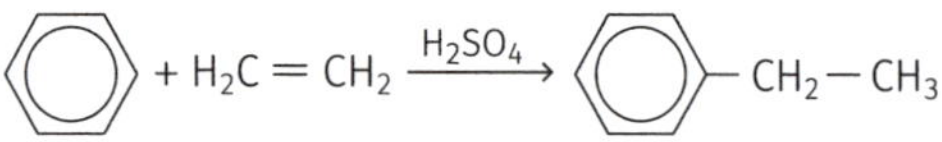

Ethylbenzol

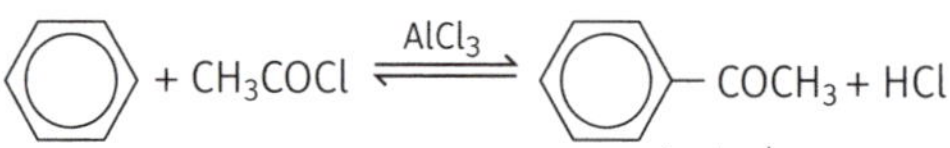

Acetophenon

Vertreter der Aromaten

Derivate des Benzols

Nomenklatur nach IUPAC
Bei zwei Substituenten:
O(rtho)- (1,2-Stellung), M(eta)- (1,3-Stellung), P(ara)- (1,4-Stellung)

Orthostellung	Metastellung	Parastellung
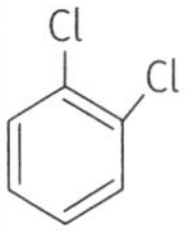 o-Dichlorbenzol 1,2-Dichlorbenzol	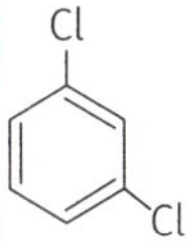 m-Dichlorbenzol 1,3-Dichlorbenzol	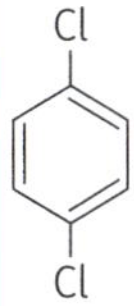 p-Dichlorbenzol 1,4-Dichlorbenzol

Einige Benzolderivate werden mit Trivialnamen benannt:

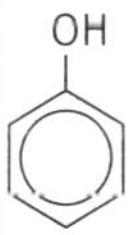 Phenol Hydroxybenzol	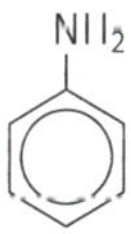 Anilin Aminobenzol	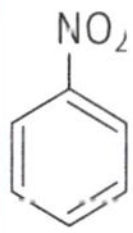 Nitrobenzol
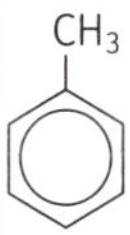 Toluol Methylbenzol	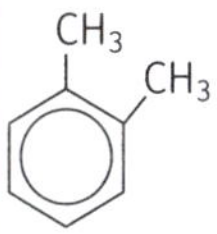 Ortho-Xylol 1,2-Dimethylbenzol	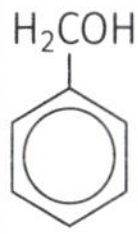 Benzylalkohol
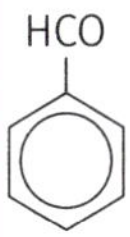 Benzaldehyd	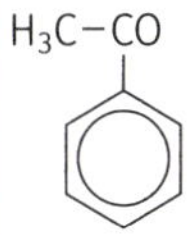 Acetophenon	 Benzoesäure

Mehrkernige Aromaten

- Über Einfachbindungen verknüpft
- Kondensiert = direkt aneinanderhängend, benachbarte Ringe mit gemeinsamen Elektronen

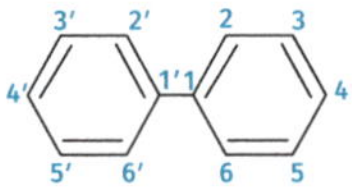

Biphenyl

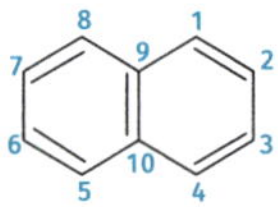

Naphthalin

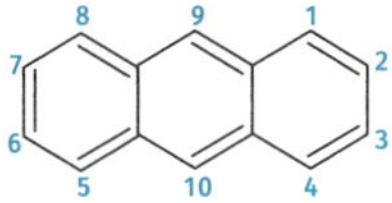

Anthracen

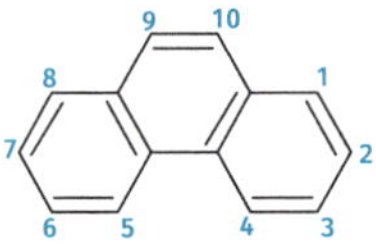

Phentanthren

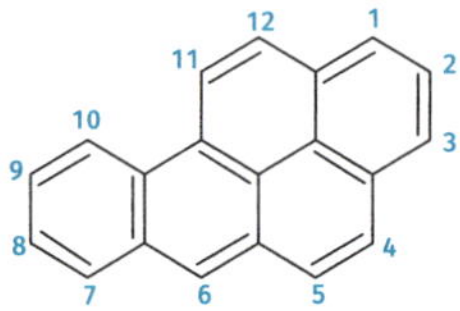

3,4-Benzpyren

Heteroaromaten

- Enthalten ein Fremd(Hetero-)atom im Ring

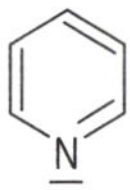

Pyridin

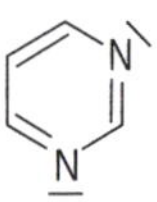

Pyrimidin

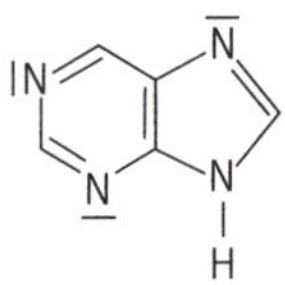

Purin

- Es gibt einige stabile Fünfringe mit Heteroatomen. Die Heteroatome haben freie Valenzelektronen, die Teil des delokalisierten π-Elektronensystems sind.

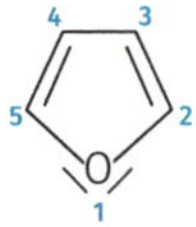

Furan

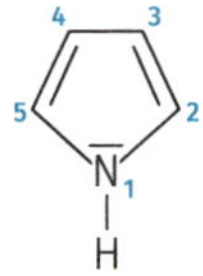

Pyrrol

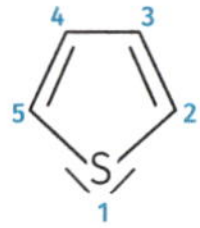

Thiophen

Phenol und Anilin

Eigenschaften von Phenol und Anilin

Phenol reagiert als schwache BRÖNSTED-Säure

Gründe:

- mesomeriestabilisiertes Phenol (aber vier Grenzstrukturen, die nicht gleichwertig sind, da z. T. Ladungstrennung auftritt)
- Elektronendichte am Sauerstoff-Atom verringert
- Polarität der O—H-Bindung erhöht
- Protonenabgabe erleichtert

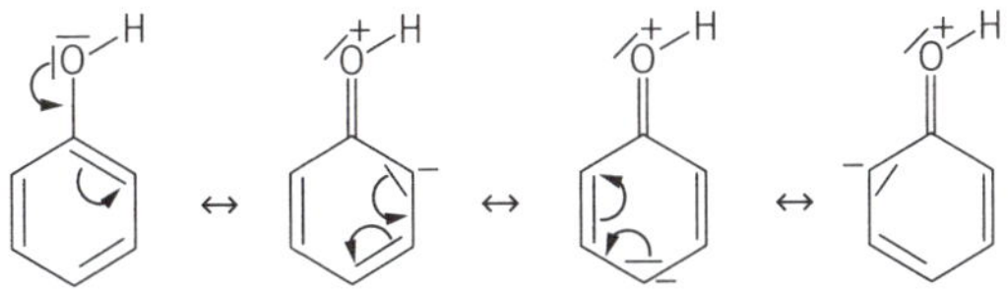

- mesomeriestabilsiertes Phenolat-Ion (vier gleichwertige Grenzstrukturen)
- Bildung des Ions wird begünstigt

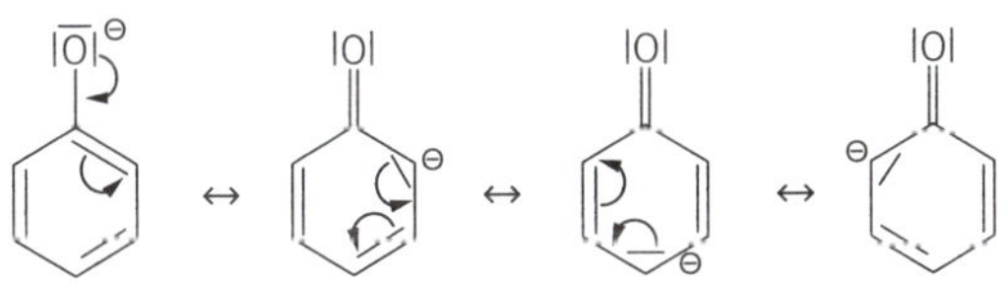

Anilin reagiert als schwache BRÖNSTED-Base

Gründe:

- mesomeriestabilsiertes Anilin-Molekül
- freie Elektronen des Stickstoffs gehören zum delokalisierten Elektronensystem
- freies Elektronenpaar des Stickstoffs steht kaum zur Verfügung um Proton aufzunehmen

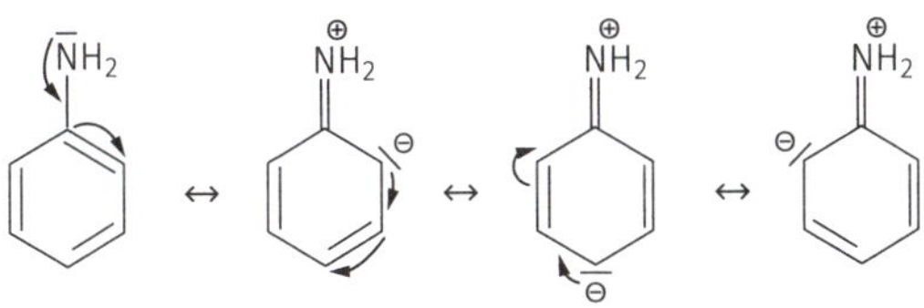

- nicht mesomeriestabilisiertes Anilium-Ion
- freies Elektronenpaar des Stickstoffs steckt in der N-H-Bindung

- nur mesomere Grenzstrukturen des Benzolrings möglich

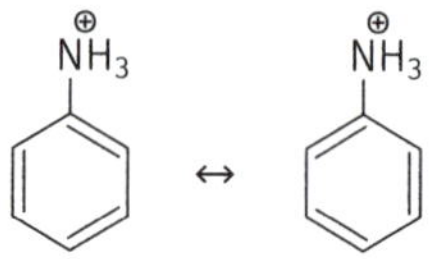

Dirigierende Effekte

Substituenten, die die Elektronendichte im Ringsystem verändern, nehmen Einfluss auf eine mögliche elektrophile Zweitsubstitution.

ZENTRALE BEGRIFFE

- **Mesomerer Effekt**
  - Fremdatome oder -atomgruppen im oder am Ringsystem, die ein freies Elektronenpaar oder eine Doppelbindung enthalten
  - beeinflussen die Elektronenverteilung im aromatischen System
  - **+M-Effekt**
    - Substituenten mit freiem Elektronenpaar, das am delokalisierten π-Elektronensystem beteiligt ist
    - Elektronendichte im Ring erhöht
  - **M-Effekt**
    - Substituenten, die Elektronen aus dem Ring ziehen, erniedrigen Elektronendichte im Ringsystem.

- **Induktiver Effekt**
  - ladungsverändernder Effekt
  - tritt bei Elektronegativitätsunterschieden der Bindungspartner oder durch funktionelle Gruppen auf
  - **+I-Effekt**
    - elektronenschiebend
    - Elektronendichte beim Partner wird erhöht
  - **−I-Effekt**
    - elektronenziehend
    - elektronegativeres Atom verringert Elektronendichte beim Partner

Entsprechend der durch die I- und M-Effekte entstehenden mesomeren Grenzstrukturen verändert sich die Elektronendichte im Ring und an bestimmten Kohlenstoff-Atomen kann bevorzugt substituiert werden.

Erst-substituent	Induktionseffekt, Mesomerie-Effekt	Reaktivität im Vergleich zu Benzol	Dirigiert nach
–OH –OR $-NH_2$	–I < +M	viel größer	ortho und para
–Alkylrest	+I	größer	ortho und para
–Cl –Br	–I > +M	geringer	ortho und para
$-NO_2$ –CHO $-SO_3H$ –COOH –COOR	–I und –M	viel geringer	meta

AROMATEN

Checkliste

Das sollten Sie jetzt sicher beherrschen:

- ein aromatisches System erkennen und beschreiben können
- den Mechanismus der elektrophilen Substitution verstanden haben
- Mesomerie begreifen und mesomere Grenzstrukturen zeichnen können
- Derivate des Benzols kennen
- den M- und den I-Effekt erklären können

12

BIOMOLEKÜLE

Kohlenhydrate

ZENTRALE BEGRIFFE

Kohlenhydrate

- bestehen aus Kohlenstoff, Wasserstoff und Sauerstoff
- enthalten Hydroxy-Gruppen
- Monosaccharide – Disaccharide – Polysaccharide

Monosaccharide

- Aldosen mit Aldehyd-Gruppe, Ketosen mit Keto-Gruppe
- Pentosen (5 C-Atome), Hexosen (6 C-Atome) u. a.

Isomerie bei Monosacchariden

Schreibweisen: FISCHER (Kettenform, höchstoxidiertes C-Atom steht oben) und HAWORTH (Ringform)

- asymmetrisches Kohlenstoff-Atom (vier verschiedene Substituenten) ist Chiralitätszentrum
- Spiegelbild-Isomerie – Enantiomere verhalten sich wie Bild und Spiegelbild
- D- und L-Enatiomer
  FISCHER: Hydroxy-Gruppe am letzten Chiralitätszentrum von oben
  nach rechts (dexter) D-Enantiomer oder
  nach links (laevus) L-Enatiomer
- Exaktere Benennung nach der Cahn-Ingold-Prelog (CIP)-Konvention durch Kennzeichnen der absoluten Konfiguration an Stereozentren:
  Vorgehensweise:
  1. Stereozentren bestimmen
  2. Priorität der Substituenten bestimmen
  3. Substituent mit niedrigster Priorität unter Bildebene drehen
  4. Kreisbewegung vom Substituent Priorität 1 bis zu 3
  5. Kreisbewegung gegen Uhrzeigersinn/links herum → S-Konfiguration
     Kreisbewegung im Uhrzeigersinn/rechts herum → R-Konfiguration

→ Bei Monosacchariden entspricht das D-Enantiomer der R-Konfiguration

- drehen die Ebene des polarisierten Lichtes

ZENTRALE BEGRIFFE: STEREOISOMERIE

Diastereomere

- gleiche Summenformel
- unterschiedliche Stellung einiger Hydroxy-Gruppe

Enantiomere

- gleiche Summenformel
- unterschiedliche Stellung aller Hydroxy-Gruppen
- Bild/Spiegelbild

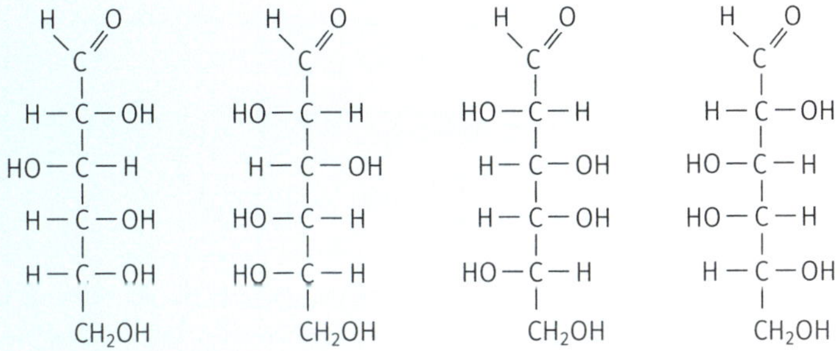

D-Glucose | L-Glucose | L-Galactose | D-Galactose

Enantiomere (D-Glucose – L-Glucose) | **Diastereomere** (L-Glucose – L-Galactose) | **Enantiomere** (L-Galactose – D-Galactose)

Übrigens:
Anzahl möglicher Stereoisomere ist 2^n (n = Anzahl der Chiralitätszentren)
Glucose: 4 asymmetrische C-Atome → $2^4 = 16$ Stereoisomere

Ringbildung bei Monosacchariden

- Acetal-Bildung zwischen Aldehyd-Gruppe bzw. Keto-Gruppe und einer Hydroxy-Gruppe
- es entsteht ein Fünf- oder Sechsring
- neues Chiralitätszentrum ist anomeres Kohlenstoff-Atom (mit neu gebildeter Hydroxy-Gruppe)
- HAWORTH:
  neue –OH-Gruppe zeigt nach unten → α-Form
  neue –OH-Gruppe zeigt nach oben → β-Form

Beispiel: D-Glucose

FISCHER-Projektion, Kettenform (Aldehyd)

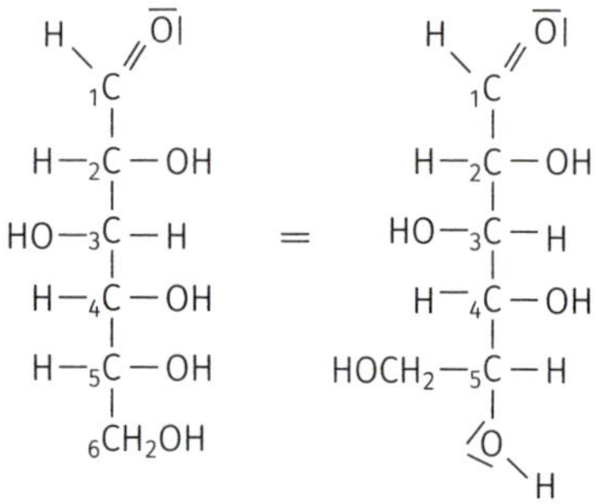

HAWORTH-Formel, Ringform (Halbacetal)

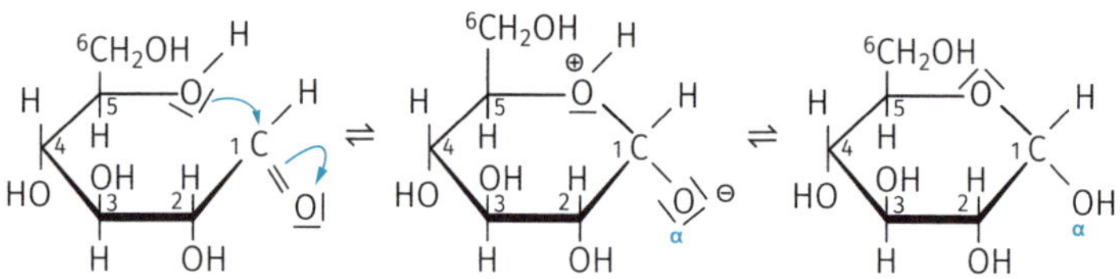

α-D-Glucose

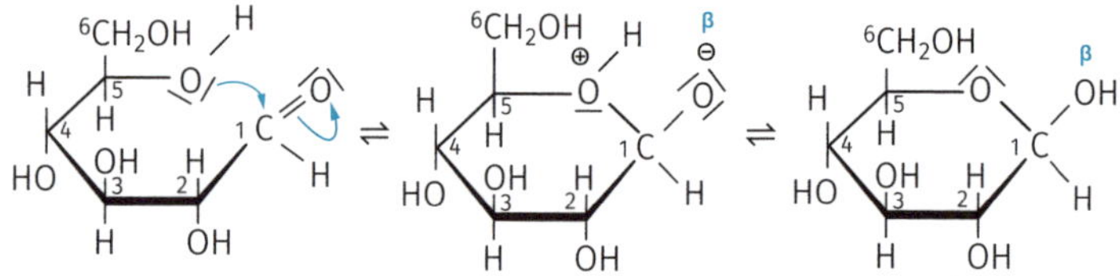

β-D-Glucose

D-Fructose FISCHER und HAWORTH

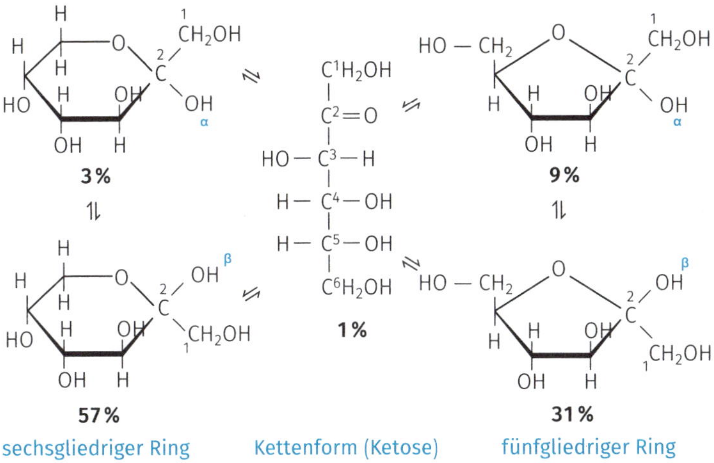

α- und β-Form sind Isomere, die sich nur in der Stellung der —OH-Gruppe am neu gebildeten CHiralitätszentrum unterscheiden.
Man nennt sie **Anomere**.

Abi Tipp

RINGSTRUKTUREN

6-Ring: Pyranose-Form

Pyran: 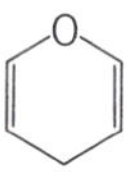

5-Ring: Furanose-Form

Furan: 

MUTAROTATION

Sowohl die offene Kettenform der Monosaccharide, als auch die beiden anomeren Ringformen sind optisch aktiv, d. h. sie drehen die Ebene des polarisierten Lichtes.

Beispiel Glucose

- Als Feststoff liegt Glucose immer in der Ringform vor.
- Aus Wasser kristallisiert die α-Form (spezifischer Drehwinkel $\alpha = 112°$), aus Pyridin kristallisiert die β-Form (spezifischer Drehwinkel $\alpha = 19°$) aus.
- Löst man feste α-Glucose in Wasser und misst den Drehwinkel, so ändert dieser sich permanent, bis zu einem Wert von $\alpha = 52{,}7°$.
- Die α-Form (36 %) geht über die offene Aldehyd-Form (0,1 %) in die β-Form (19 %) über.
- Entsprechendes passiert beim Lösen der β-Form.

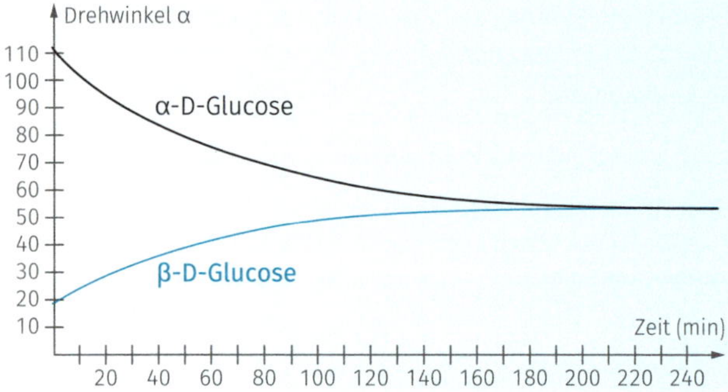

Übrigens: Frisch zubereitete D-Fructoselösung zeigt auch Mutarotation. Sie dreht die Ebene des polarisierten Lichtes nach links → Lävulose

Nachweisreaktionen

Typische Nachweisreaktionen für Aldehyde:

- **FEHLING-Probe** (Nachweis der reduzierenden Wirkung)
  FEHLING I-Lösung ($CuSO_4$-Lösung) mit FEHLING II-Lösung (alkalische Na^+-K^+-Tartrat-Lösung) mischen → dunkelblauer Cu-Komplex in Lösung, Probe dazu, erhitzen → bei Rotfärbung positiv

- **Silberspiegel-Probe/Tollens-Reagenz** (Nachweis der reduzierenden Wirkung)
  $AgNO_3$-Lösung tropfenweise mit NH_3-Lösung versetzen, bis Niederschlag entsteht und sich wieder auflöst, Probe dazu, vorsichtig erhitzen → bei Silberspiegelbildung positiv
- **Achtung:** beide Proben auch für Fructose positiv
  Keto-Enol-Tautomerie: Umlagerung im Alkalischen von Ketoform in Aldehydform
- **Nachweis Fructose:** SELIWANOW-Reaktion
  Fructose-Lösung mit Resorcin versetzen, ansäuern, erhitzen
  → roter Farbstoff

Disaccharide

Disaccharide entstehen durch die Bildung von Vollacetalen aus Halbacetal und Hydroxy-Gruppe.

- Bildung von Disacchariden aus zwei Monosacchariden
- Kondensationsreaktion
- Glykosidische Bindung
- rückgängig durch: saure Hydrolyse
- anomeres C-Atom in Bindung → keine Ringöffnung mehr möglich, keine Mutarotation (Beispiel Trehalose, α(1, 1)-glykosidische Bindung)

ACHTUNG!

Für die Bildung einer glykosidischen Bindung müssen die beiden beteiligten Hydroxy-Gruppen in der selben Ebene sein, also beide oberhalb oder unterhalb des Ringes. Dafür muss ein Molekül unter Umständen gedreht und/oder geklappt werden.

Abi Tipp

TIPP

Bauen Sie sich die α- und β-Glucose und β-Fructose aus Pappe oder Knete und Zahnstochern nach, das erleichtert die räumliche Vorstellung beim Drehen und Klappen.

Name	Verknüpfung
Maltose	α-D-Glucose, α(1,4) glykosidische Bindung 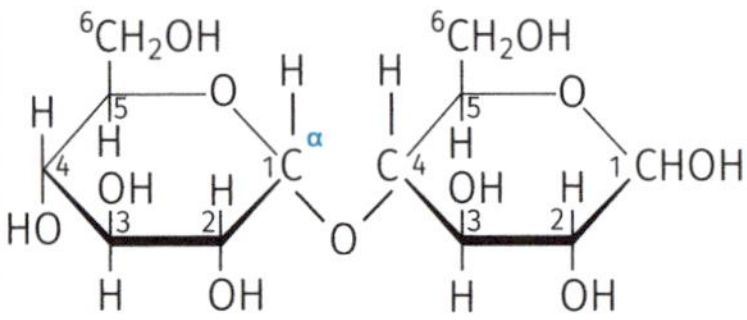
Cellobiose	β-D-Glucose, β(1,4) glykosidische Bindung 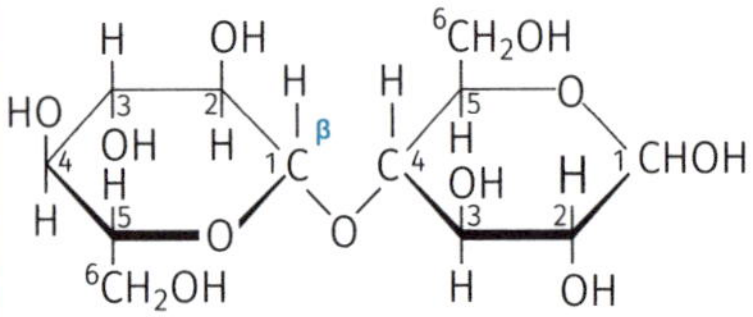
Saccharose	α-D-Glucose, β-D-Fructose, (α1 → β2) glykosidische Bindung 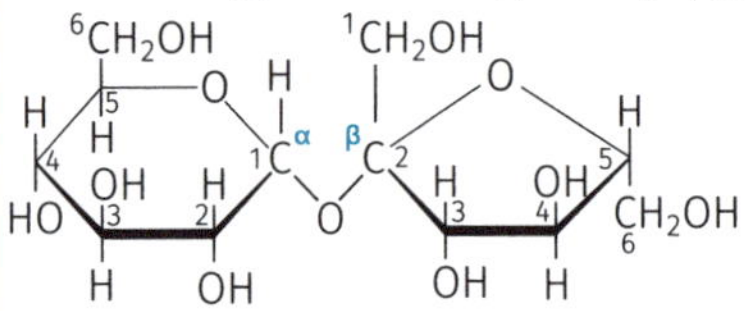
Lactose	β-D-Galactose, β-D-Glucose, β(1,4) glykosidische Bindung 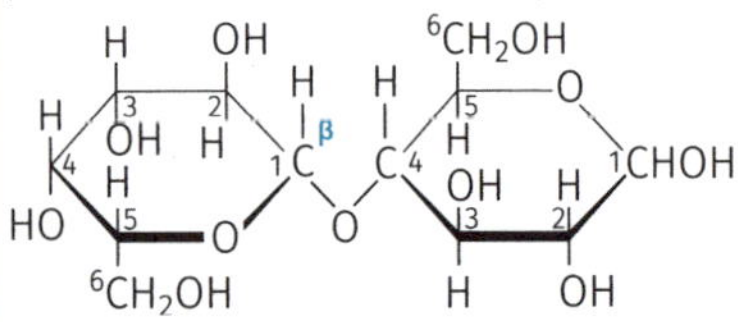

Invertzucker: saure Hydrolyse von Saccharose

$$\text{(+)-Saccharose} + H_2O \xrightarrow{H_3O^+} \text{D-(+)-Glucose} + \text{D-(−)-Fructose}$$

$\alpha = +66{,}5°$ $\qquad\qquad$ $\alpha = +52{,}7°$ $\qquad$ $\alpha = -92{,}4°$

Gemisch = Invertzucker: $\alpha = -20{,}9°$

Polysaccharide

Kohlenhydrate aus mindestens elf Monosaccharid-Bausteinen.

	Stärke	Cellulose
Grundbaustein	α-D-Glucose/Maltose	β-D-Glucose/Cellobiose
Anzahl Bausteine	Amylose: 500 UE Amylopektin: 10 000 UE	20 000 UE
räumlicher Bau	20 % Amylose: Spiralen, 6 Glucose-Bausteine pro Windung 80 % Amylopektin: ca. alle 20 bis 25 Bausteine α-1,6-glykosidische Verknüpfung	lineare Ketten Fibrillen → verdrillen sich zu Fasern
Eigenschaften	quillt in Wasser Amylose = wasserlöslich Amylopektin = wasserunlöslich	quillt nicht in Wasser stabil und reißfest fest durch Lignineinlagerung
Nachweis	Blaufärbung mit Iod/Kaliumiodid-Lösung	Blaufärbung mit Chlorzink-Iod-Lösung
Vorkommen	Speicherstoff in Pflanzen	Baustoff in Pflanzen, z. B. für Zellwände

Weitere Polysaccharide

- **Glykogen**
  Speicherstoff bei Tieren, α-D-Glucose/Maltose, spiralförmig, ca. alle acht bis zwölf Bausteine eine α-1,6-glykosidische Verknüpfung

- **Chitin**
  Außenskelett bei Arthropoden/Gliederfüßern
  2-Amino-2-Desoxy-ß-D-Glucose = Glucosamin (Hydroxy-Gruppe an C_2 ist durch Amino-Gruppe ersetzt), wird acetyliert

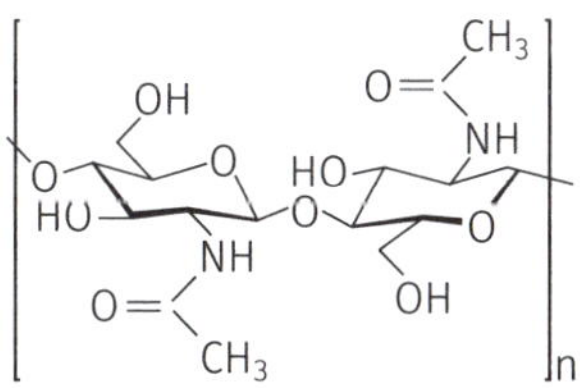

  Baustein: Acetylglucosamin β-1,4-glykosidische Verknüpfung → zusätzliche Wasserstoffbrückenbindungen und Kalkeinlagerungen → Härte

Übungsbeispiel

Der Zucker Ribose ist ein wichtiger Bestandteil der Ribonukleinsäure (RNS). Nachfolgend ist das Monosaccharid in der FISCHER-Projektion gegeben.

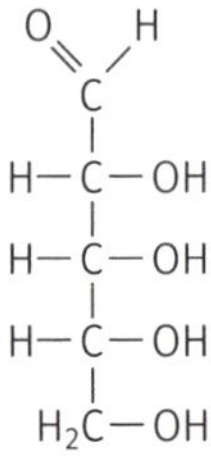

a) Charakterisieren Sie die Ribose mit den Ihnen bekannten Fachbegriffen.
b) Zeichnen Sie das Enantiomer zum obigen Ribose-Molekül in der FISCHER-Projektion und benennen Sie es.
c) Das Ribosemolekül kann durch Halbacetalbildung eine Ringform einnehmen. Zeichnen Sie für das Enantiomer der Ribose aus a) die möglichen Furanoseformen in der HAWORTH-Projektion und benennen Sie alle Moleküle genau.

Lösung:

a) Ribose ist eine Pentose, eine Adose und es liegt das D-Enantiomer vor.
b) L-Ribose

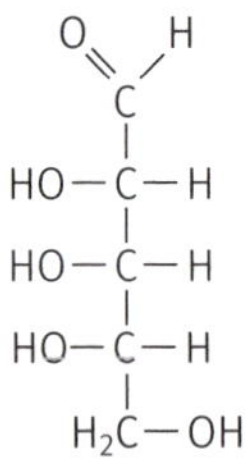

c)

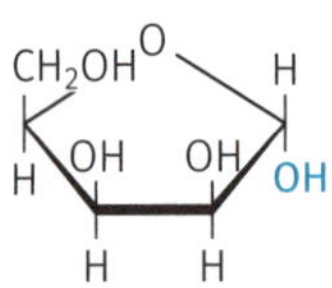

α-D-Ribofuranose
(α-D-Ribose)

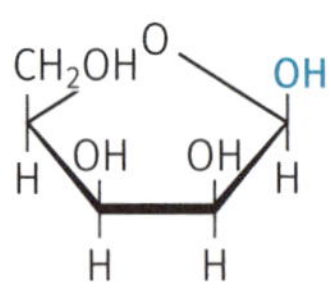

β-D-Ribofuranose
(β-D-Ribose)

Fette

Kondensationsreaktion

Glycerin + 3 Fettsäuren $\xrightleftharpoons[\text{Esterhydrolyse}]{\text{Veresterung}}$ Triglycerid + 3 Wasser

Esterbindung zwischen –OH-Gruppe und –COOH-Gruppe

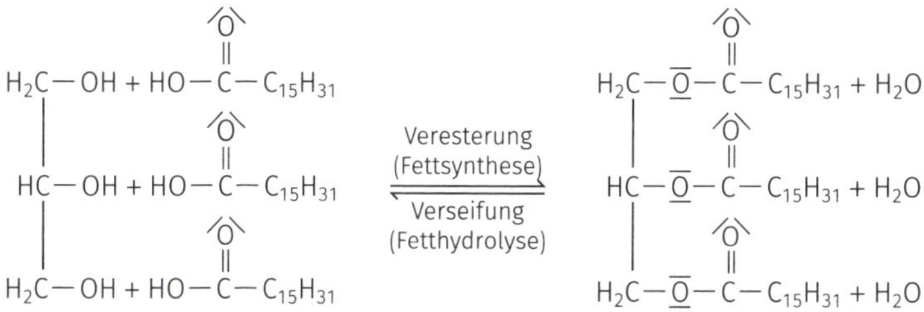

ZENTRALE BEGRIFFE

Fettsäuren

- **gesättigte Fettsäuren** (nur C–C-Einfachbindungen)
- **ungesättigte Fettsäuren** (auch C=C-Doppelbindungen) immer mit Z-Konfiguration
- Alkylteil = lipophil, Carboxy-Gruppe = hydrophil Triglyceride
- Bei Triglyceriden Schmelzbereich statt Schmelzpunkt, da verschiedene Fettsäurereste
- je höher der Anteil an ungesättigten Fettsäuren im Trigycerid, desto niedriger der Schmelzbereich

Wichtige Fettsäuren

Trivialname	IUPAC-Name	Formel
Palmitinsäure	Hexadecansäure	$C_{15}H_{31}COOH$
Stearinsäure	Octadecansäure	$C_{17}H_{35}COOH$
Ölsäure	Octadeca-9-en-säure	$C_{17}H_{33}COOH$
Linolsäure	Octadeca-9,12-dien-säure	$C_{17}H_{31}COOH$
Linolensäure	Octadeca-9,12,15-trien-säure	$C_{17}H_{29}COOH$

Übungsbeispiel

Die Abbildungen zeigen die Schmelzpunkte von Fettsäuren.
Werten Sie die beiden Kurven unter Verwendung von Fachbegriffen aus.

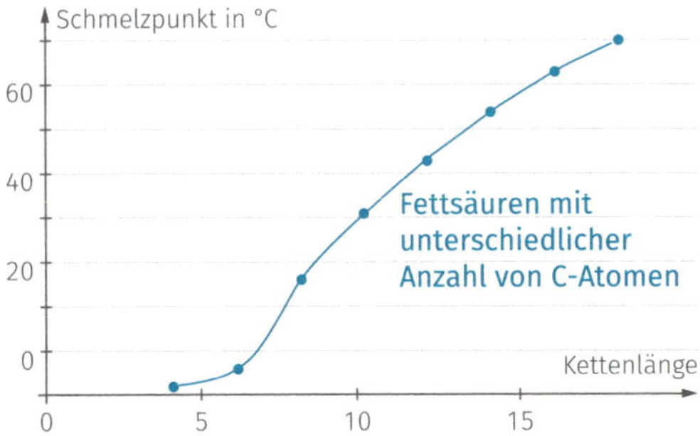

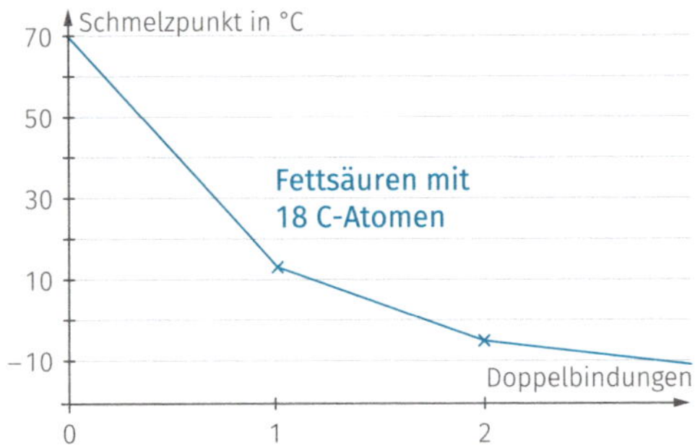

Lösung:

In der ersten/oberen Abbildung ist der Schmelzpunkt in Abhängigkeit von der Länge der Kohlenstoff-Kette dargestellt.
Je länger die Kette, desto höher ist der Schmelzpunkt.
Die C—H-Bindungen sind unploar, es herrschen VAN-DER-WAALS-Kräfte zwischen den Fettmolekülen. Diese werden mit zunehmender Oberfläche stärker, daher steigen die Schmelzpunkte.
In der zweiten Abbildung sind die Schmelzpunkte von Fettsäuren mit jeweils 18 Kohlenstoff-Atomen aber unterschiedlicher Anzahl an C=C-Doppelbindungen dargestellt. Der Schmelzpunkt nimmt mit zunehmender Zahl an Doppelbindungen ab. Aufgrund der Z-Konfiguration an der Doppelbindung erhält das Molekül einen „Knick“, die Moleküle haben untereinander weniger Kontaktfläche und die VAN-DER-WAALS-Kräfte werden schwächer.

EINTEILUNG DER LIPIDE

- Lipide ist eine Sammelbezeichnung für ganz oder zumindest größtenteils wasserunlösliche (hydrophobe) Naturstoffe.
- Triglyceride: Glycerin ist mit drei Fettsäuren verestert.
- Phosphoglyceride: Glycerin ist mit zwei Fettsäuren und mit einem Molekül Phosphorsäure verestert, das wiederum mit einem weiteren Alkohol verestert ist.
- Glykolipide: Glycerin ist mit zwei Fettsäuren verestert, an der dritten Hydroxy-Gruppe bindet ein Mono- oder Disaccharid über eine glykosidische Bindung.
- Wachse: Fettsäuren sind mit langkettigem Alkohol verestert.

Proteine

ZENTRALE BEGRIFFE

Bausteine: Aminosäuren

- Amino-Gruppe und Säure-/Carboxy-Gruppe
- α-Aminosäuren ($-NH_2$-Gruppe am ersten C-Atom nach der Carboxy-Gruppe)
- L-Aminosäuren ($-NH_2$-Gruppe zeigt in FISCHER-Projektion nach links) bzw. S-Konfiguration nach CIP
- Außer Glycin (R=H) haben alle Aminosäuren mindestens ein asymmetrisches C-Atom; Beispiel: Alanin

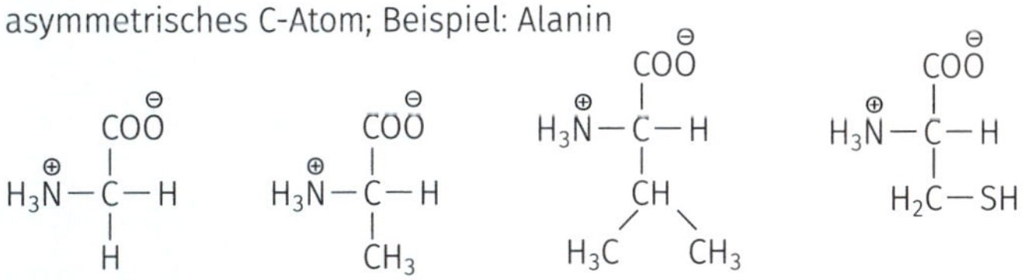

Glycin (Gly) pH(I) = 5,97 — Alanin (Ala) pH(I) = 6,02 — Valin (Val) pH(I) = 5,97 — Cystein (Cys) pH(I) = 5,02

Zwitterionen

- saure Carboxy-Gruppe gibt Proton an basische Amino-Gruppe ab
- starke intermolekulare Anziehungskräfte, hohe Schmelzpunkte
- Ionenbildung abhängig vom pH-Wert
- niedriger pH: alles protoniert, hoher pH: alles deprotoniert
- isoelektrischer Punkt IEP = pH-Wert, bei dem Aminosäure nur als Zwitter-Ion vorliegt, maximale Wasserunlöslichkeit

Intramolekulare Protolyse

Die Carboxy-Gruppe reagiert mit der Amino-Gruppe durch Protonenabgabe bzw. -aufnahme. Dabei entsteht ein Zwitter-Ion.

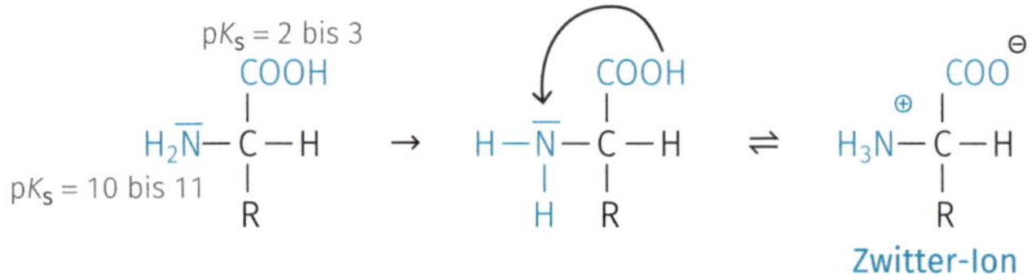

Peptidbindung

- Kondensationsreaktion zwischen $-COOH$- und $-NH_2$-Gruppe
- Zeichnen von mesomeren Grenzstrukturen möglich
- C–N-Bindung mit partiellem Doppelbindungscharakter, nicht drehbar
- Peptidbindung räumlich planar

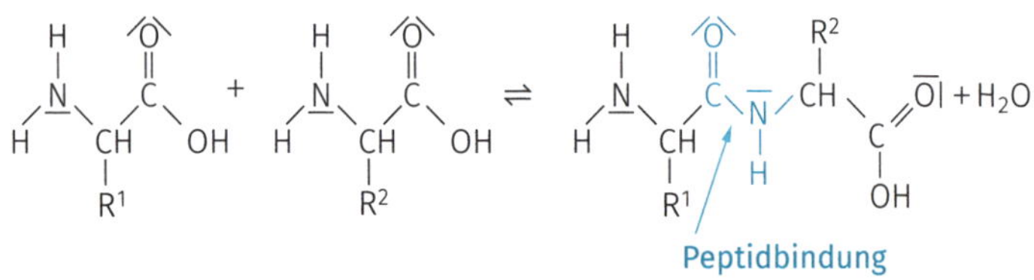

Strukturebenen

Primärstruktur

- Abfolge der Aminosäuren
- bestimmt weitere Struktur der Polypeptidkette
- N-terminales und C-terminales Ende

Sekundärstruktur

- α-Helix, β-Faltblatt
- Grund: Wasserstoffbrückenbindungen

α-Helix

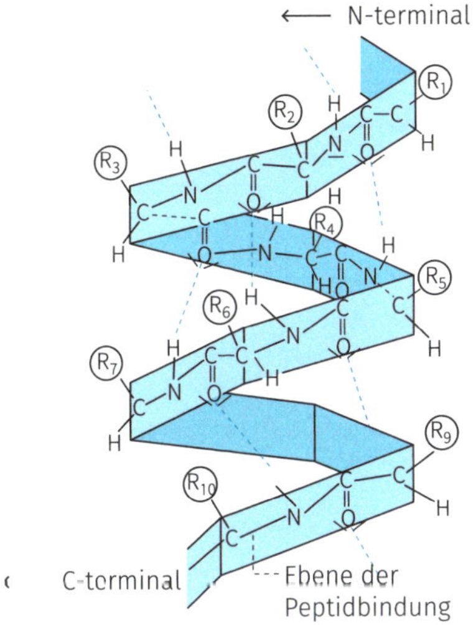

β-Faltblatt

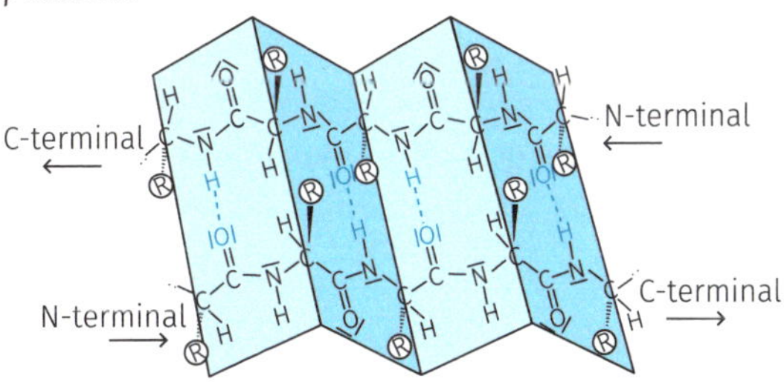

Tertiärstruktur

- Verbindung von Sekundärstrukturen und Zwischenbereichen
- Anziehungskräfte: VAN-DER-WAALS-Kräfte, Dipol-Dipol-Wechselwirkungen, Wasserstoffbrückenbindungen, Ionenbindungen, Atombindung (Disulfid-Brücken)

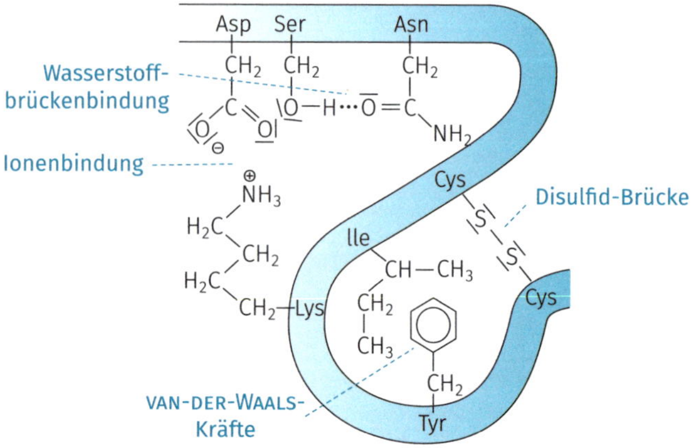

Quartärstruktur

- Verbindung mehrerer Tertiärstrukturen (Polypeptidketten)
- Beispiel: Globin von Hämoglobin mit 4 Untereinheiten

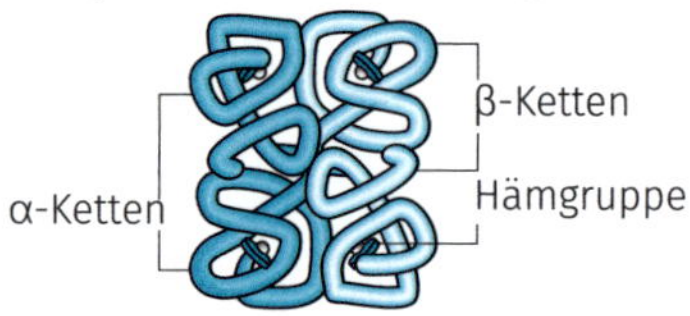

Unterscheidung nach dem Bau

Globuläre (annähernd kugelförmige) Proteine – Faserproteine

DENATURIERUNG

Zerstörung der räumlichen Struktur der Proteine durch

- Erhitzen
- Säure, Base
- Schwermetall-Ionen
- Reduktionsmittel
- Energiereiche Strahlung

Trennen von Aminosäuren durch Elektrophorese

Da die Aminosäuren unterschiedliche isoelektrische Punkte haben, kann man sie gut auftrennen. Sie werden auf ein Elektrophorese-Gel aufgetragen und ein bestimmter pH-Wert wird eingestellt. Rechts und links wird ein Minus- bzw. Pluspol angelegt und so wandern die Zwitter-Ionen gar nicht, negativ geladene Aminosäuren zum Pluspol und positiv geladene Aminosäuren zum Minuspol. Des Weiteren hängt die Wanderungsgeschwindigkeit von der Molekülgröße und der Polarität der Bindungen ab.

Anwendungsbeispiel:

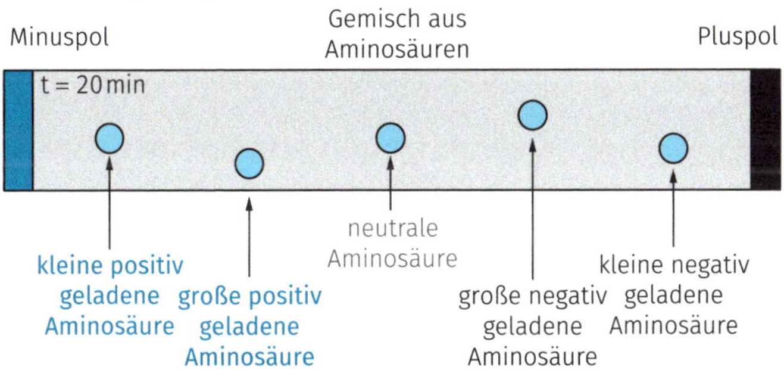

Bedeutung der Proteine

Erbinformation enthält Info für Primärstruktur von Proteinen

Keratin (Fingernägel, Krallen, Haare) **Actin** und **Myosin** (Muskulatur)

Enzyme (Regelung und Steuerung) **Antikörper** (Immunsystem)

Nachweisreaktionen

- Xanthoproteinreaktion: Gelbfärbung des Proteins mit konzentrierter Salpetersäure – Grund: Nitrierung aromatischer Aminosäuren
- Biuretreaktion: Violettfärbung des Proteins in alkalischer Kupfersulfatlösung – Grund: farbiger Komplex zwischen Kupfer-Ionen und Peptidbindung

BIOMOLEKÜLE — Checkliste

Das sollten Sie jetzt sicher beherrschen:

- Kohlenhydrate einteilen und benennen können
- mit der Spiegelbildisomerie arbeiten können
- Mutarotation erklären können
- Pyranose- und Furanoseformen zeichnen können
- Formeln oder Gleichungen zur Bildung der glykosidischen Bindung aufstellen können
- Polysaccharide und ihre Eigenschaften kennen
- Veresterung und Esterhydrolyse formulieren können
- Fettsäuren und ihre Eigenschaften kennen
- Hierarchiestrukturen der Proteine unterscheiden
- die Peptidbindung charakterisieren können

13 TENSIDE

Seifen

Verseifung von Fettsäuren

Mit NaOH, Natriumsalz der Fettsäure → Kernseifen
Mit KOH, Kaliumsalz der Fettsäure → Schmierseifen
Säureanionen: amphiphil

ZENTRALE BEGRIFFE

- **Mizellenbildung** – Einschluss von hydrophilen Molekülen in lipophilem Lösungsmittel bzw. umgekehrt – Bildung einer Emulsion

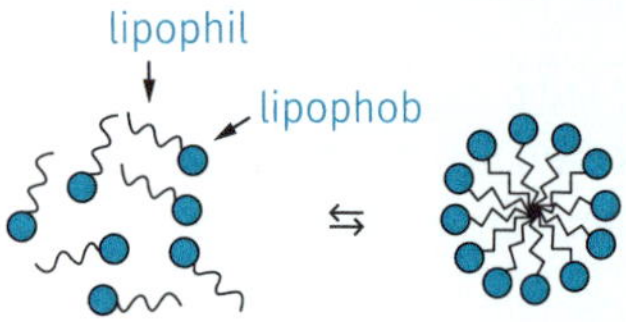

amphiphile Moleküle Mizelle

- **Oberflächenaktivität** – setzen Oberflächenspannung des Wassers herab
- **Waschwirkung** – Einschluss von Schmutz in Mizellen, mechanisches Ablösen und Abtransport

Nachteile von Kern-/Schmierseifen

- Bildung unlöslicher Kalkseifen mit Ca^{2+}-Ionen aus dem Wasser
  → Grauschleier auf weißer Wäsche;
  Abhilfe: Zugabe von Entkalkern, die die Erdalkalimetall-Ionen binden z. B. Zeolithe
- Bildung einer alkalischen Waschlauge
  → Zerstörung von Proteinfasern (Wolle, Seide)

Der Waschvorgang

Die Eigenschaften von Tensidlösungen werden beim Waschvorgang ausgenützt:

- Herabsetzen der Oberflächenspannung
- Bildung von Mizellen
- Seifen wirken als Emulgatoren
- Seifen begünstigen die Bildung von Dispersionen (feine Verteilung unlöslicher Stoffe in Flüssigkeit)

Der Waschvorgang erfolgt in mehreren Schritten:

- Seifen-Ionen reichern sich an Grenzfläche Faser/Lösung an
- Oberflächenspannung wird herabgesetzt
- Wasser benetzt Gewebe
- Seifen-Ionen besetzen Grenzfläche Faser/Schmutz
- hydrophobe Alkyreste zerlegen Schmutz
- Faser und Schmutzpartikel werden negativ aufgeladen und stoßen sich ab
- Schmutz wird in Mizellen eingelagert
- mechanische Bewegung erleichtert Schmutzablösung

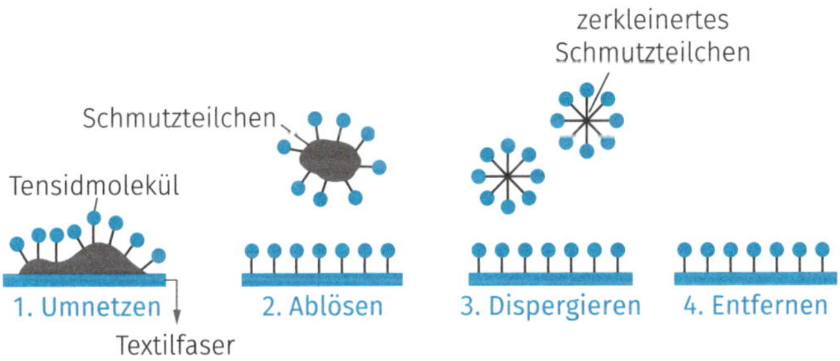

Synthetische Tenside

- **Anionische Tenside**
  - Monoalkylsulfat, $n = 11$ bis 17

    $CH_3-(CH_2)_n-\overline{\underline{O}}-SO_3^-\quad Na^+$

- Alkylbenzolsulfat, $m + n = 11$ bis 17

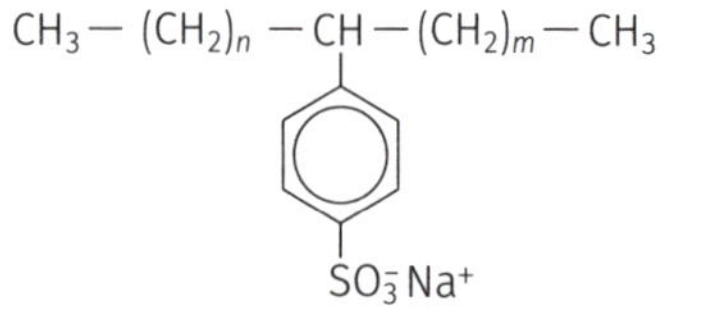

- **Kationische Tenside**
  - Dialkyldimethylammoniumchlorid, $n = 12$ bis 15

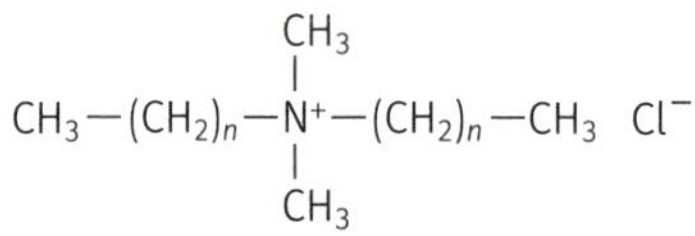

  - Diesterquat, $n = 14$ bis 16

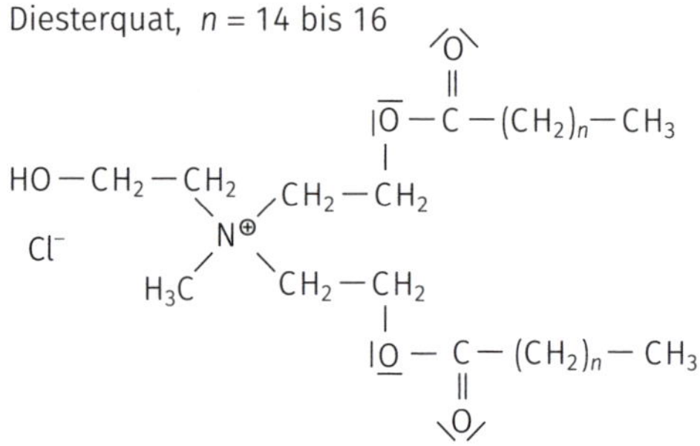

- **Zwitterionische Tenside (Betain)**

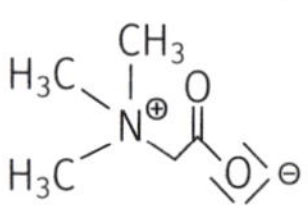

- **Nichtionische Tenside**
  - Alkylpolyglykolether, $n = 11$ bis 17; $m = 3$ bis 15
    $CH_3-(CH_2)_n-\overline{\underline{O}}-(CH_2-CH_2-\overline{\underline{O}})_m-H$
  - Alkylpolyglucosid, $n = 7$ bis 13; $m = 1$ bis 3
    $CH_3-(CH_2)_n-\overline{\underline{O}}-(C_6H_{10}O_5)_m-H$

TENSIDE **Checkliste**

Das sollten Sie jetzt sicher beherrschen:

→ wissen, was man unter Mizellen versteht
→ synthetische Tenside kennen
→ Eigenschaften amphiphiler Moleküle kennen

FARBSTOFFE

Farbigkeit

ZENTRALE BEGRIFFE

- Licht besteht aus elektromagnetischen Wellen und stellt den für den Menschen sichtbaren Bereich dar.
- Für den Menschen sichtbares Licht liegt im Wellenlängenbereich $\lambda = 380$ bis 780 nm.
- Je kürzer die Wellenlänge, desto energiereicher ist die Strahlung.

Farbigkeit entsteht durch		
Absorption	**Emission**	**geometrische/ Wellen-Optik**
Reflektion des nicht absorbierten Farbspektrums, Komplementärfarbe wird sichtbar	Abgabe von Energie als elektromagnetische Wellen	Licht ändert die Richtung Streuung, Beugung, Interferenz

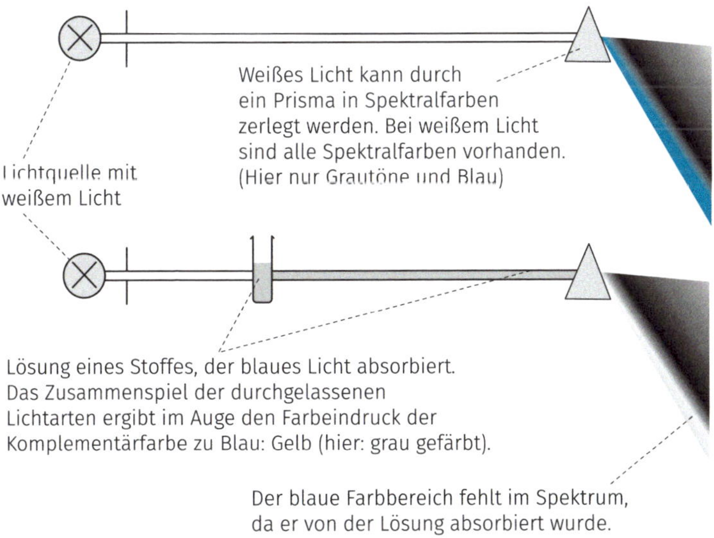

Farbstoffe

Elektronendonator →	**Chromophor** →	**Elektronenakzeptor**
Auxochrom +M-Effekt $-NH_2$, $-NR_2$, $-OH$, $-O^-$, $-OR$, -Phenyl	Organische Verbindung mit konjugierten Doppelbindungen/delokalisiertem π-Elektronensystem	Antiauxochrom –M-Effekt $-CHO$, $-NO_2$, $-CN$ $-SO_3H$

- Auxochrome und Antiauxochrome verändern delokalisiertes π-Elektronensystem
  → Absorption anderer Wellenlängen, Verschieben des Absorptionsmaximums
  → Reflexion anderer Komplementärfarbe
- hypsochromer Effekt: Verschiebung zu niedrigeren Wellenlängen (zu blau)
- bathochromer Effekt: Verschiebung zu höheren Wellenlängen (zu rot)

Mesomerie

ZENTRALE BEGRIFFE

- Molekül ist mit verschiedenen Grenzformeln darstellbar = mesomere Grenzstrukturen
- wahrer Zustand liegt irgendwo zwischen den Grenzformeln und ist nicht darstellbar
- Molekül ist um Mesomerieenergie ärmer als darstellbare Grenzstruktur
- Je mehr gleichwertige mesomere Grenzstrukturen darstellbar sind, desto besser sind die delokalisierten Elektronen verteilt, desto weniger Energie ist zum Anregen des Systems nötig.

Natürliche Farbstoffe

Indigo

- kommt z.B. in der Indigopflanze und im Färberwaid vor
- wird heute überwiegend synthetisch hergestellt
- Farbänderung z.B. durch Bindung von Br-Atomen am Benzolring
- Dibromindigo in der Purpurschnecke

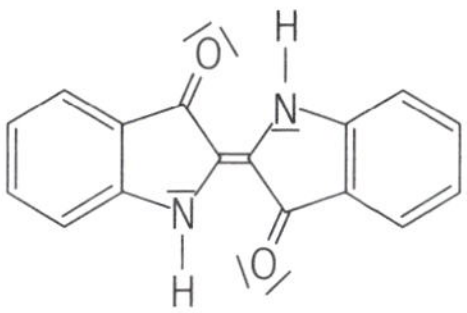

Indigo (blau)

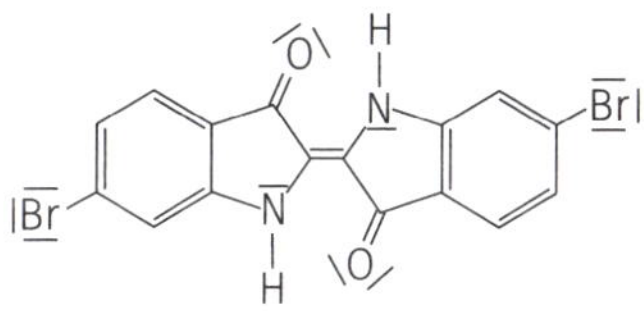

Dibrom-Indigo (purpur)

Chlorophyll

- grüner Pflanzenfarbstoff in Chloroplasten
- hilft bei der Aufnahme und Weiterleitung von Sonnenenergie
- Porphyrinringsystem mit zentralem Magnesium-Ion
- Unpolarer Phytyl-Rest
- Chlorophyll a und b unterscheiden sich in einem Rest am Porphyrinring

a X: $CH{=}CH_2$ Y: CH_3
b X: $CH{=}CH_2$ Y: CHO
c X: CHO Y: CH_3

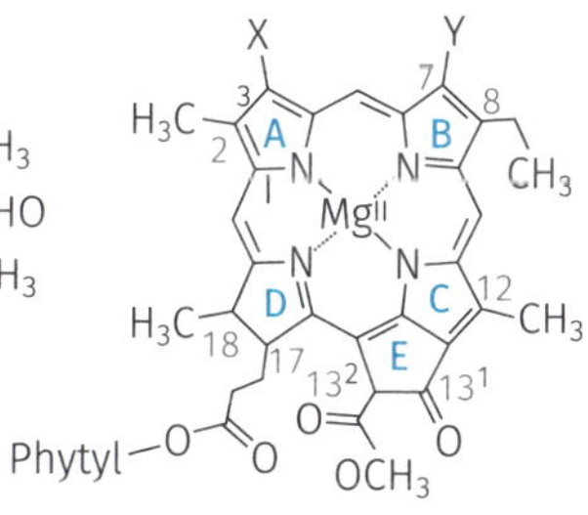

Häm

- roter Blutfarbstoff bei Wirbeltieren
- bindet und transportiert Sauerstoff-Molekül
- befindet sich in roten Blutkörperchen
- Porphyrinringsystem mit zentralem Eisen-Ion
- In Verbindung mit dem Globin-Protein: Hämoglobin
- weitere Hämfarbstoffe im Tier- und Pflanzenreich

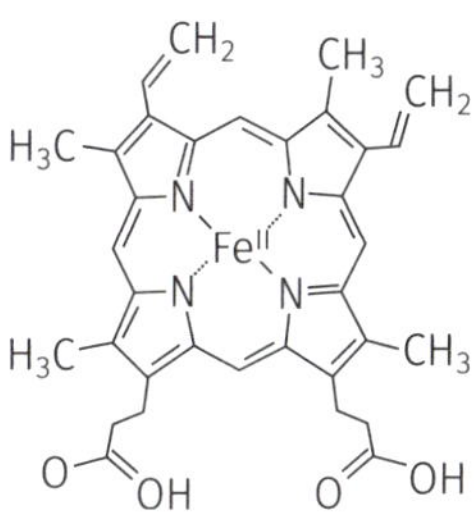

Synthetische Farbstoffe

Triphenylmethanfarbstoffe

- Grundgerüst ist Triphenylmethan
- Zentrales Carbenium-Ion mit drei Benzolringen

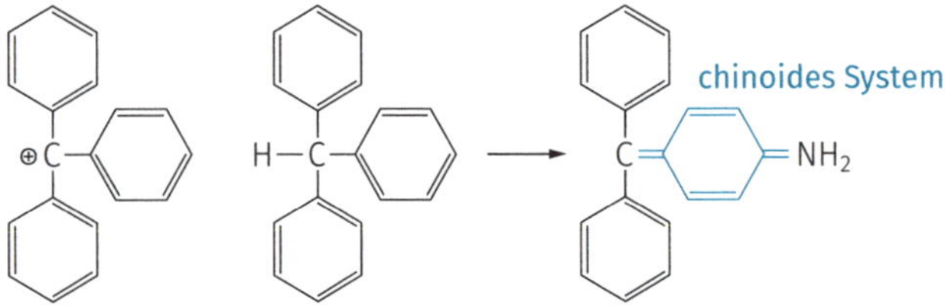

Triphenyl-carbeniumion | Triphenylmethan (farblos) | Fuchsonimin (Farbstoffgrundkörper)

- Es leiten sich die Phthaleine ab, z. B. der Indikator Phenolphthalein

Fuchsin

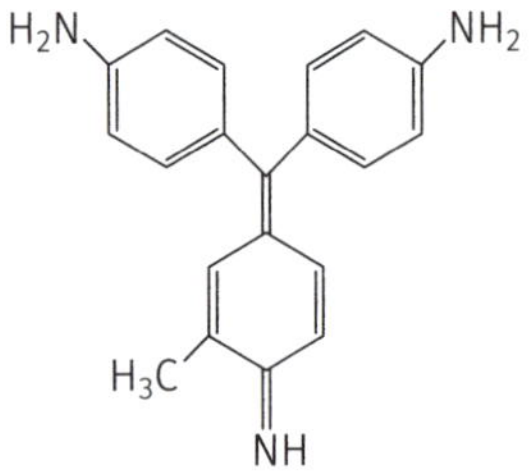

Phenolphthalein

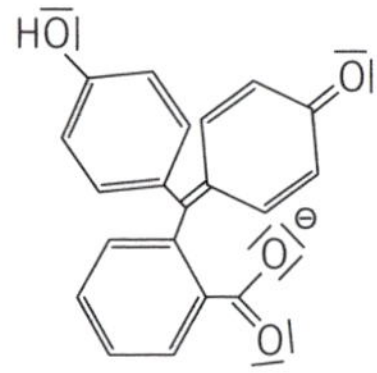

Anthrachinonfarbstoffe

- synthetische und natürliche Farbstoffe
- Grundgerüst ist Anthrachinon (gelb)
- Erweiterung des π-Elektronensystems durch Sulfonierung, Nitrierung oder Anhängen weiterer aromatischer Systeme; Indanthron (blau)

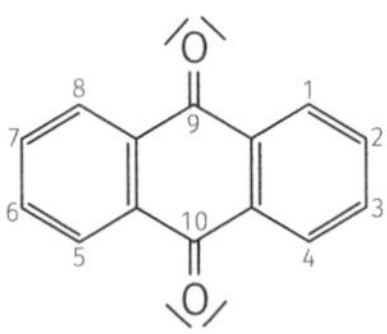

Anthrachinon

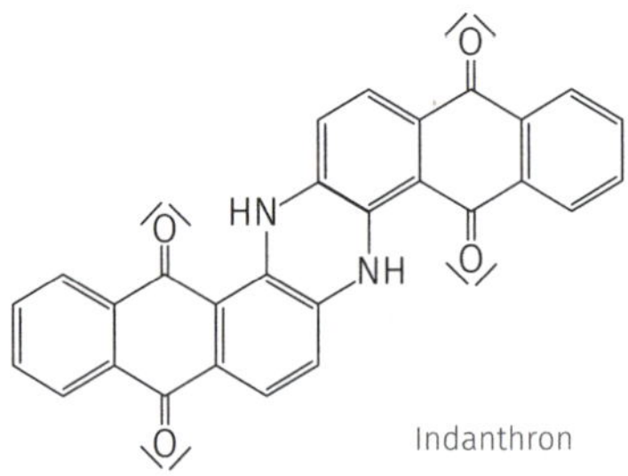

Indanthron

Azofarbstoffe

- Diazotierung eines Amins und Azokupplung mit Kupplungskomponente
- große Bandbreite an Farbstoffen
- werden auch als Texilfärbestoffe und Lebensmittelfarben eingesetzt
- z. T. im Verdacht krebserregend zu sein

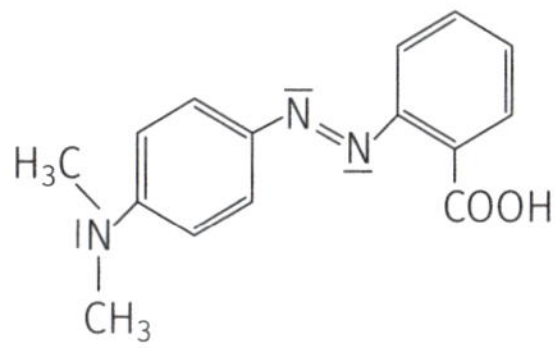

Synthese von Azofarbstoffen

1. Diazotierung:
   Nitrosyl-Kation reagiert mit aromatischem Amin zu Diazoniumsalz

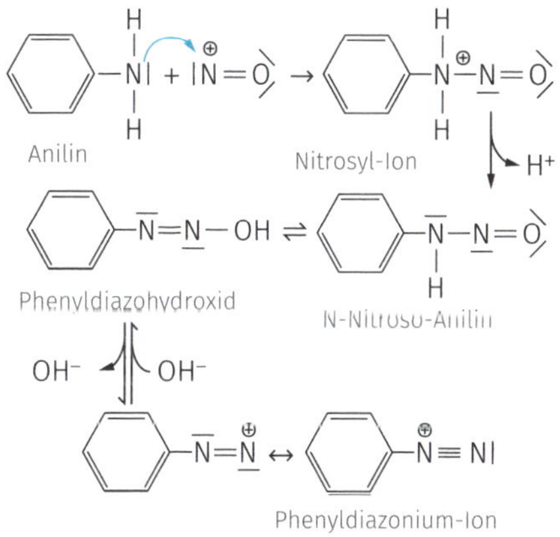

2. Azokupplung:
   Kupplungskomponente wird an Diazoniumsalz gebunden

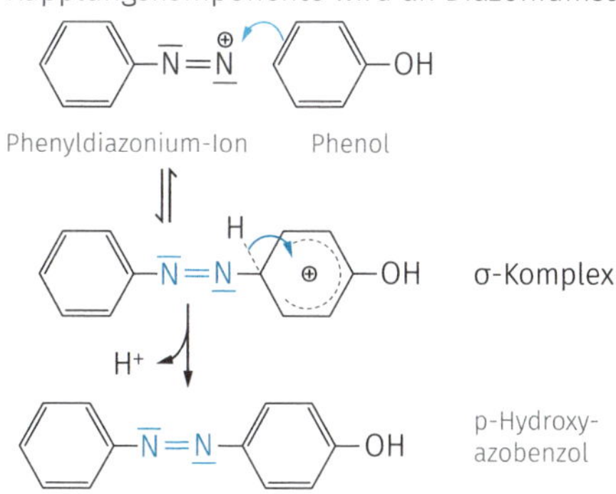

Färbeverfahren

Textilfarbstoffe müssen waschecht, lichtecht, temperaturbeständig, säureecht und alkaliecht sein.

Farbstoff	Färbegut	Färbetechnik	Haftung zwischen Farbstoff und Faser	Beispiel
anionische Farbstoffe	Wolle, Seide, Polyamid	Wechselwirkung mit Ammonium- und Carboxylat-Gruppen	Ionenbindung	Farbstoffe mit $-OH$, $-COOH$, $-SO_3H$
kationische Farbstoffe	Wolle, Seide, Polyacrylnitril	Wechselwirkung mit Ammonium- und Carboxylat-Gruppen	Ionenbindung	Farbstoffe mit $-NH_2$, $-NR_2$
Metallkomplexfarbstoffe	Wolle, Polyamid	Farbstoff- und Aminogruppen als Liganden	Komplexbindung	Chrom(III)-Komplexe mit Azofarbstoffen
Küpenfarbstoff	Baumwolle	Reduzierte wasserlösliche Form auftragen, anschließend Oxidation	Einlagerung als wasserunlöslicher Farbstoff	Indigo
Entwicklungsfarbstoff	Baumwolle	Synthese in zwei Schritten, 2. Schritt auf Faser	Adsorption	Azofarbstoffe
Reaktivfarbstoff	Baumwolle	Aminogruppe am Farbstoff erhält reaktiven Anker, der mit Hydroxy-Gruppe der Cellulose reagiert	Atombindung	Azo-, Anthrachinonfarbstoffe
Dispersionsfarbstoff Direktfarbstoff	Polyester, Polyamid, Polyacrylnitril	Direkt auf Faser aufziehen	VAN-DER-WAALS-Kräfte, Wasserstoffbrückenbindung	Azo-, Anthrachinonfarbstoffe

Küpenfärbung am Beispiel Indigo

Farbstoff reduzieren → wird wasserlöslich (Küpe) → auf Faser auftragen → an Luft Oxidation zur farbigen wasserunlöslichen Form

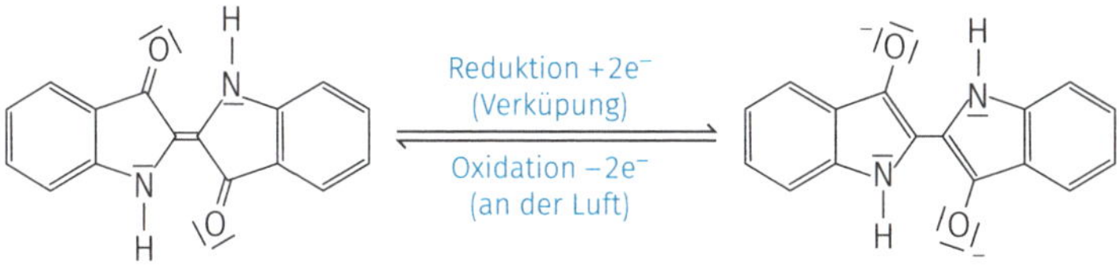

Indigo Indigoweiß/Leukoindigo

Indikatoren

- Farbwechsel durch Protonierung/Deprotonierung
- Änderung des delokalisierten Elektronensystems
- Änderung der absorbierten Wellenlänge
- $HInd + H_2O \rightarrow Ind^- + H_3O^+$

	Azofarbstoff Methylorange	Triphenylmethanfarbstoff Phenolphthalein
sauer	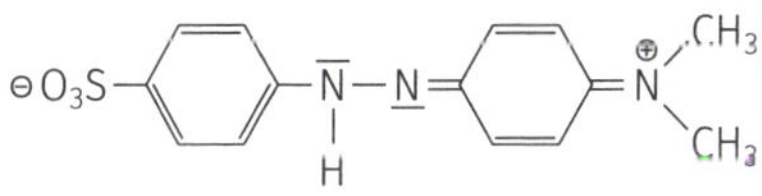 purpurrot	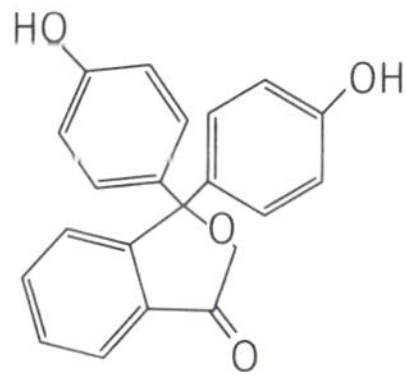 farblos
alkalisch	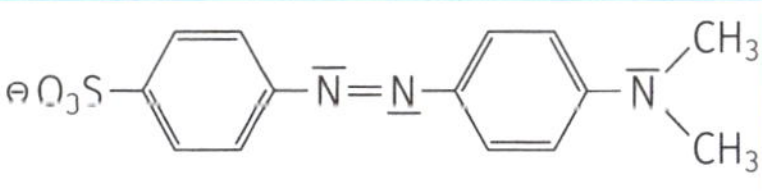 orangerot	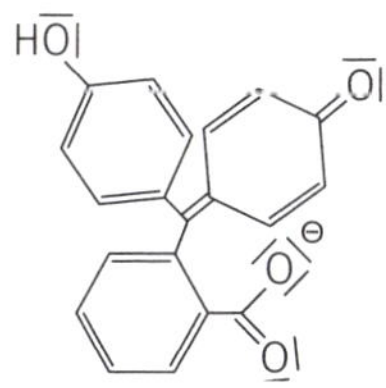 pink

Übungsbeispiel

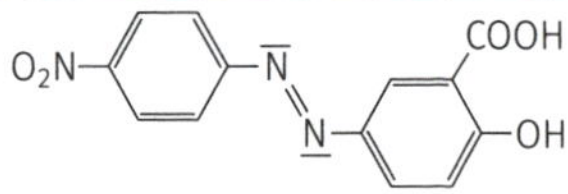

Alizaringelb R wird als Säure-Base-Indikator verwendet. Er kann hellgelb oder orangerot erscheinen. In der Abbildung ist die protonierte Form dargestellt.

Zeichnen Sie die Strukturformeln bei niedrigem und hohem pH-Wert jeweils mit einer mesomeren Grenzstruktur und ordnen Sie die beiden möglichen Farben von Alizaringelb R dem sauren oder alkalischen Milieu zu. Begründen Sie Ihre Zuordnung.

Lösung:

niedriger pH-Wert (saures Milieu)

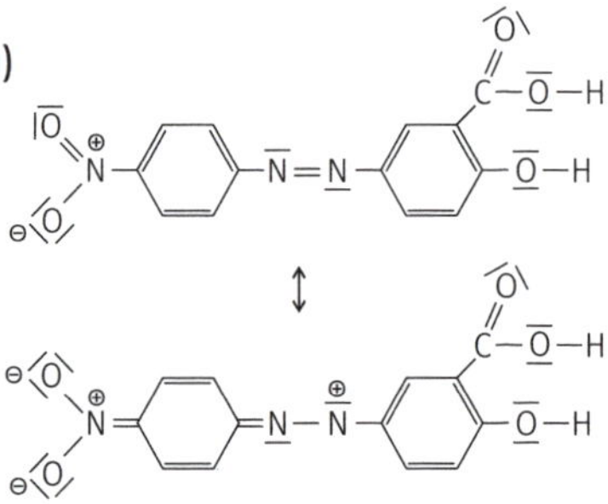

- protonierte Form
- Grenzstrukturen nicht gleichwertig
- Elektronen ungleichmäßig verteilt
- mehr Energie zum Anregen des Systems nötig
- kurze Wellenlänge wird absorbiert, sichtbare Farbe: **gelb**

hoher pH-Wert (alkalisches Milieu)

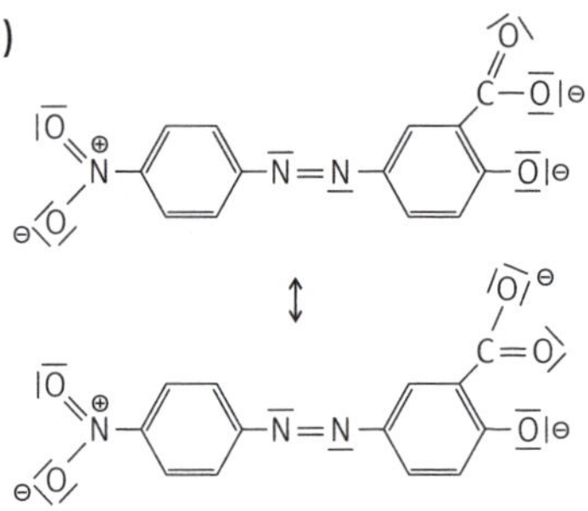

- deprotonierte Form
- gleichwertige Grenzstrukturformeln
- Carboxy-Gruppe ist mesomeriestabilisiert
- größeres delokalisiertes Elektronensystem
- weniger Energie zum Anregen des Systems nötig
- Absorption im längerwelligen Bereich, sichtbare Farbe: **orangerot**

FARBSTOFFE **Checkliste**

Das sollten Sie jetzt sicher beherrschen:

→ Zusammenhang zwischen Chromophor und Farbigkeit verstehen

→ Formeln für den Mechanismus der Synthese eines Azofarbstoffes entwickeln können

→ Färbeverfahren kennen

→ Farbwechsel von Indikatoren erklären können

KUNSTSTOFFE

Organische Makromoleküle

Monomer	Dimer	Polymer
□	□-□	□-□-□-□-□-...

Einteilung

halbsynthetisch (Umwandlung von Naturprodukten)	**vollsynthetisch**
kristallin (hohe Symmetrie, Fernordnung)	**amorph** (Symmetrie bei Nahordnung, fehlende Fernordnung)

Thermoplaste
- schmelzen beim Erhitzen
- lassen sich in Form gießen

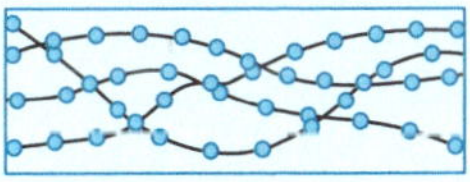

- kettenförmig, linear
- wenig verzweigt
- amorph oder teilkristallin

Duroplaste
- formstabil beim Erhitzen
- werden nach Synthese mechanisch in Form gebracht

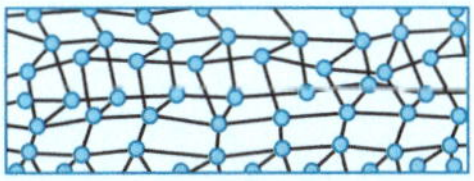

- über Elektronenpaarbindung verknüpfte Ketten
- amorph

Einteilung nach Eigenschaften

Elastomere
- Verformung durch Zug oder Druck
- Rückkehr in ursprüngliche Form

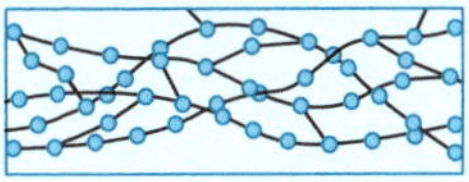

- über Elektronenpaarbindung verknüpfte Ketten
- weitmaschige Netzstruktur
- amorph

Syntheseverfahren

Polymerisation	ungesättigte Monomere	radikalische Kettenreaktion	Polymer: PE, PP, PET, PS
Polykondensation	bifunktionale Monomere —OH, —COOH, $-NH_2$	bei Synthese wird ein kleines Molekül frei (H_2O)	Polykondensat: Polyester, Polyamid, Polycarbonat, Phenoplaste, Aminoplaste
Polyaddition	bifunktionale Monomere —OH, —NHCO	bifunktionale Gruppen mit Doppelbindungen	Polyaddukt: Polyurethan, Epoxidharze

Polymerisation

Monomer	Polymer	Abkürzungen	Verwendung
Ethen 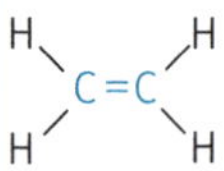	Polyethylen $\cdots[CH_2-CH_2]_n\cdots$	LDPE (Hochdruckpolymerisation), HDPE (Niederdruckpolymerisation)	Folien, Filme, Haushaltsgeräte, Armaturen, Kabelisolierung Getränkekisten
Propen 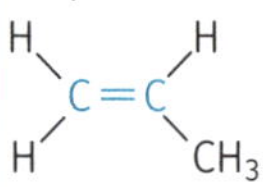	Polypropylen $\cdots[CH_2-CH(CH_3)]_n\cdots$	PP	Verpackungsfolien, starre Verpackungen
Vinylchlorid (Monochlorethen) 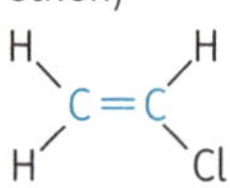	Polyvinylchlorid $\cdots[CH_2-CH(Cl)]_n\cdots$	PVC (Hinweis: zerfällt beim Erhitzen zu Polyenen und Chlorwasserstoff-Gas)	Tischtücher, Fußbodenbeläge, Rollläden, Rohre
Acrylnitril 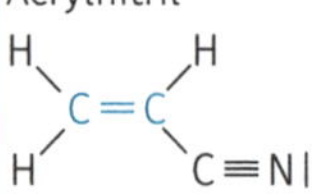	Polyacrylnitril $\cdots[CH_2-CH(CN)]_n\cdots$	Orlon, Dralon, Acryl, Acrilan	Beimischung für Textilien

Monomer	Polymer	Abkürzungen	Verwendung
Styrol (Monophenylethen) 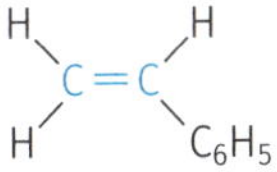	Polystyrol 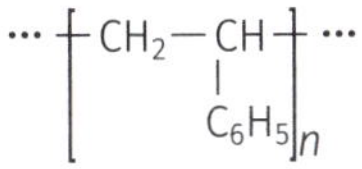	PS; geschäumt als Styropor	Haushaltswaren, Wärmedämmung
Methacrylsäuremethylester 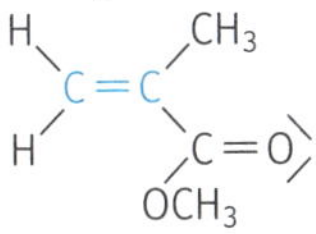	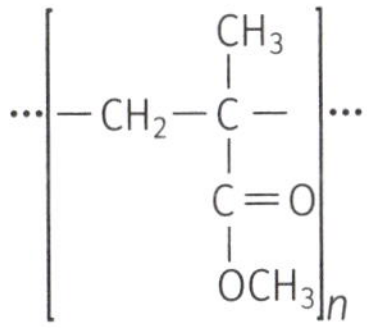	Plexiglas PMMA	Sicherheitsglas
Tetrafluorethen 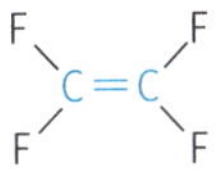	Polytetrafluorethen $\cdots[CF_2-CF_2]_n\cdots$	Teflon, Hostalon	Antihaftbeschichtungen, Textilien

Reaktionsmechanismus

1. Radikalische Polymerisation

- **Initiator:** Radikalbildner Dibenzoylperoxid

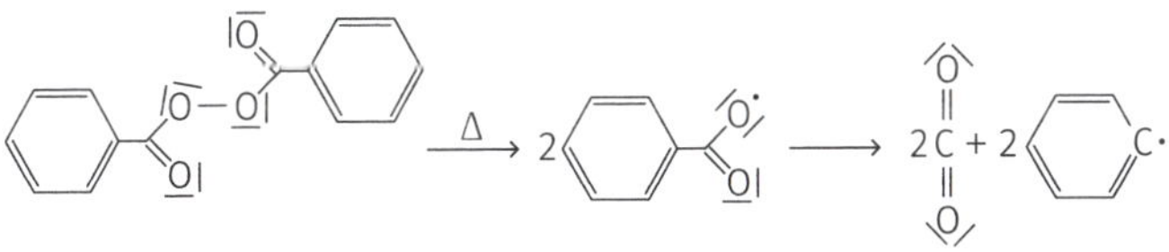

- **Kettenstart:**

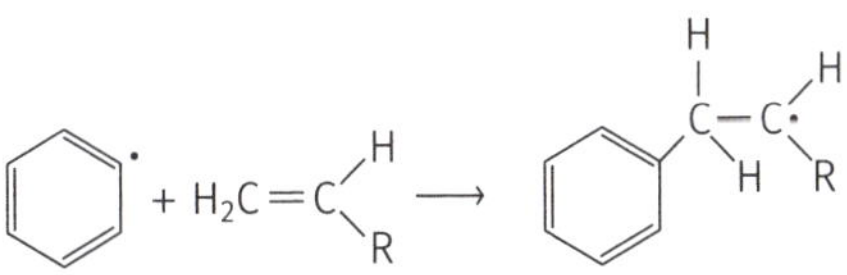

- **Kettenwachstum:**

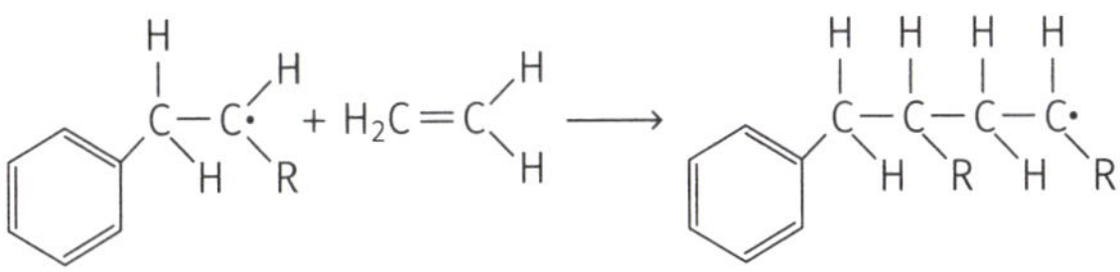

- **Kettenabbruch:**

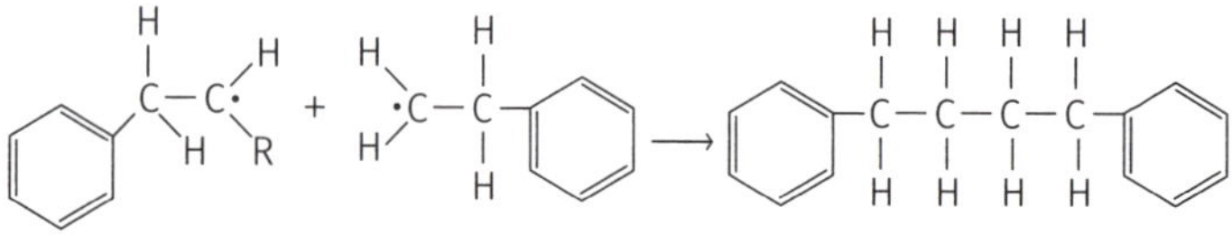

2. Kationische Polymerisation

- **Initiator:** Säure

  $H_2SO_4 \rightarrow HSO_4^- + H^+$ allgemein: $AH \rightarrow A^- + H^+$
- **Kettenstart:**

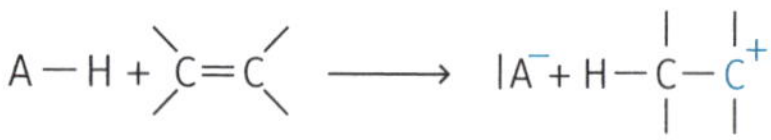

- **Kettenwachstum:**

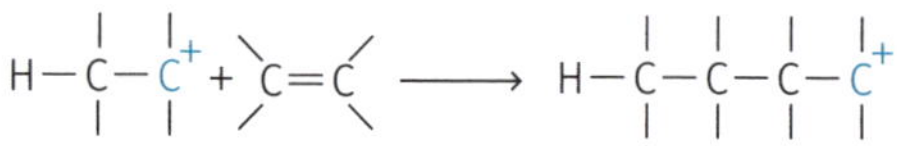

- **Kettenabbruch:**

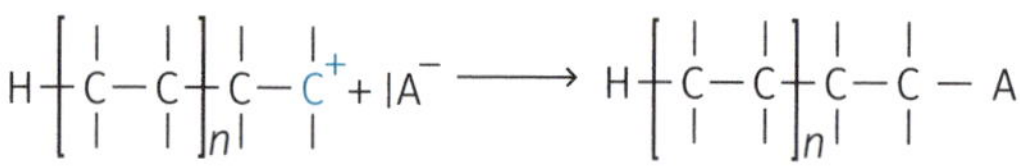

3. Anionische Polymerisation

- **Initiator:** starke Base B^-, Alkalimetalle

  $Na \rightarrow Na^+ + e^-$ $B^- + H^+ \rightarrow HB$
- **Kettenstart:**

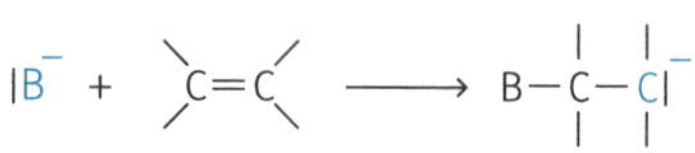

- **Kettenwachstum:**

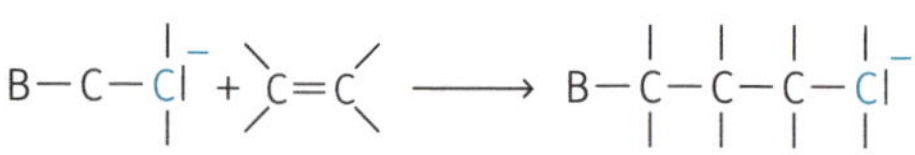

- **Kettenabbruch:**

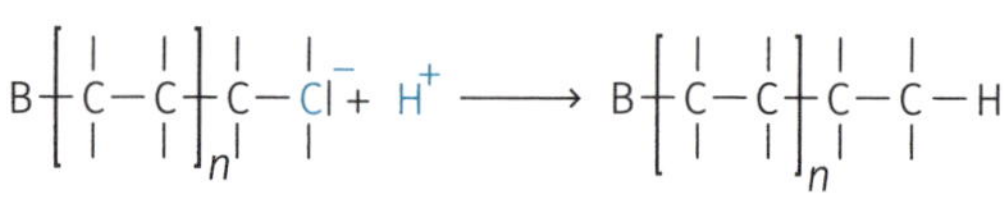

Gummi – ein natürliches Polymerisat

Kautschuk/Latexsaft

Makromolekül aus Isopreneinheiten

Chemische Struktur von Isopreneinheiten und Kautschuk

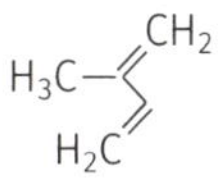

Isopren
(2-Methyl-1,3-butadien)

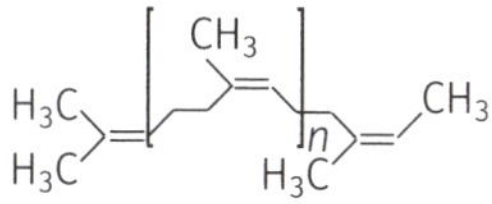

cis-1,4-Polyisopren
(Kautschuk)

Synthetischer Kautschuk

Copolymerisat aus Styrol und 1,3-Butadien

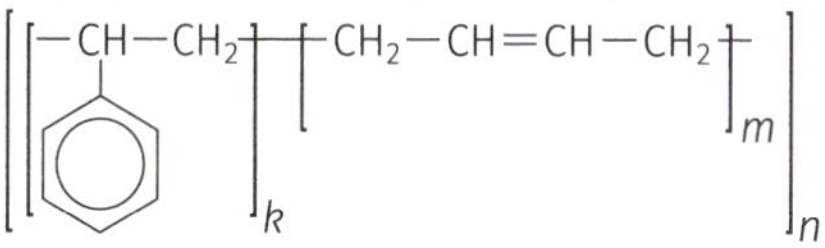

Vulkanisation

- Umsetzung mit Schwefel
- Bildung von S—S-Brücken
- Vernetzung
- Bildung Elastomer

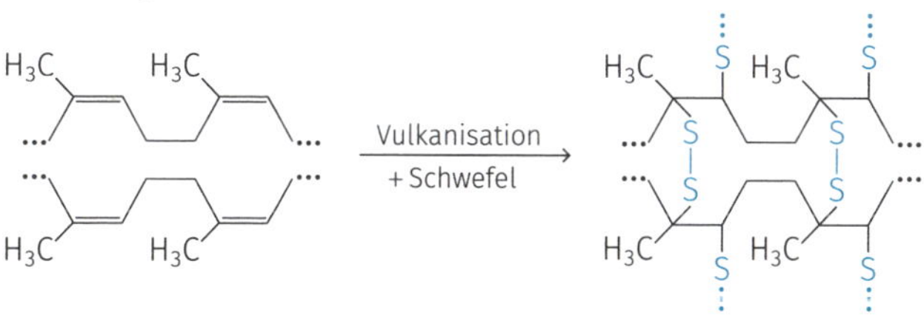

Polykondensation

Polyester

- aus Diolen und Dicarbonsäuren
- Beispiel: Terephthalsäure und Ethandiol reagieren zu Polyethentherephtalat und Wasser

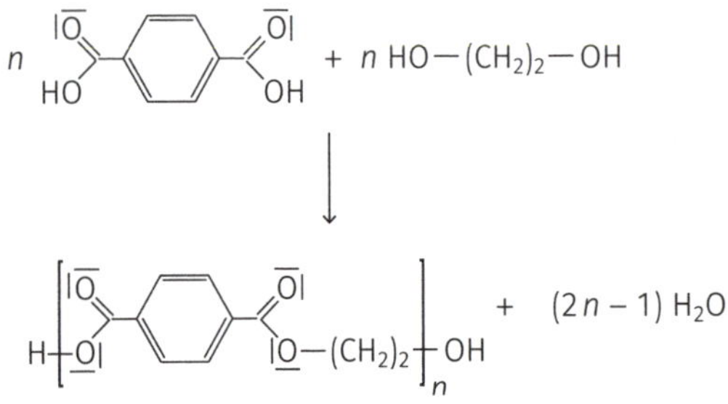

Eigenschaften und Verwendung

- licht- und witterungsbeständig, formstabil, scheuerbeständig, abriebfest
- Trevira und Diolen: Polyesterfasern für Textilien, Mikrofasern (Füllungen)
- PET für Getränkeflaschen

Polyamide

- aus Diaminen und Dicarbonsäuren
- Beispiel: Hexamethylendiamin und Adipinsäure reagieren zu Nylon 6.6 und Wasser

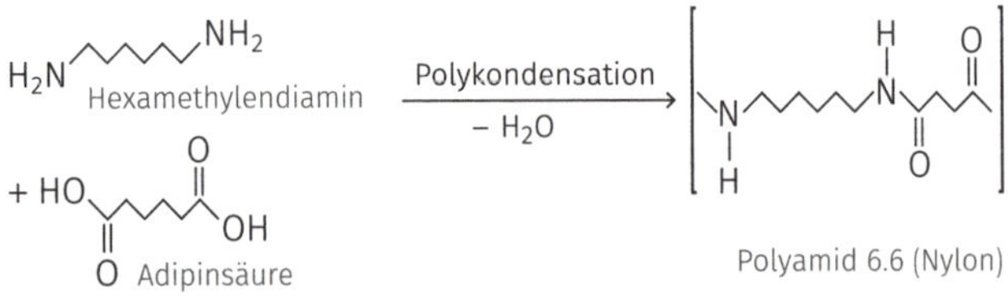

Eigenschaften und Verwendung

- hohe Zugfestigkeit
- Fasergewinnung im Schmelzspinnverfahren
- Nylon und Perlon für Textilien, Fallschirme, Segel, Schnüre

Polycarbonate

- sind formal Ester der Kohlensäure
- Beispiel: Bisphenol A und Phosgen reagieren zu Polycarbonat und Chlorwasserstoff

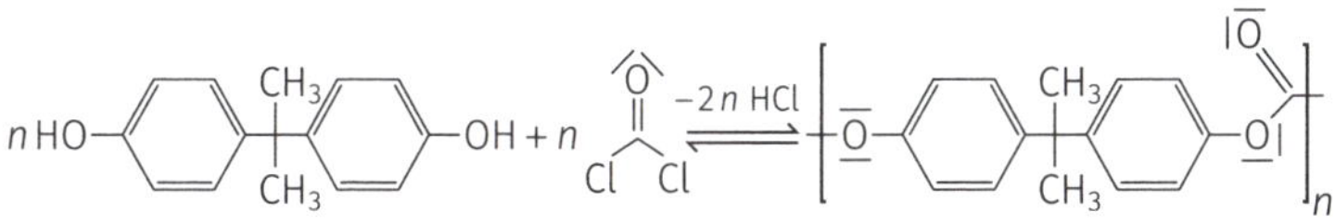

Eigenschaften und Verwendung

- glasklar, einfärbbar, klebbar, schweißbar
- hohe Festigkeit und Schlagzähigkeit
- wärmestabil
- CDs, Isolierfolien, Schutzhelme, Brillengläser, Schutzscheiben

Polyaddition

Polyurethan

- Bi- oder trifunktionelle Isocyanate (—NCO) reagieren mit mehrwertigen Alkoholen (—OH) in einer Additionsreaktion zu Polyurethanen mit der Urethangruppe:

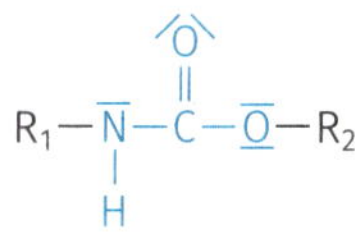

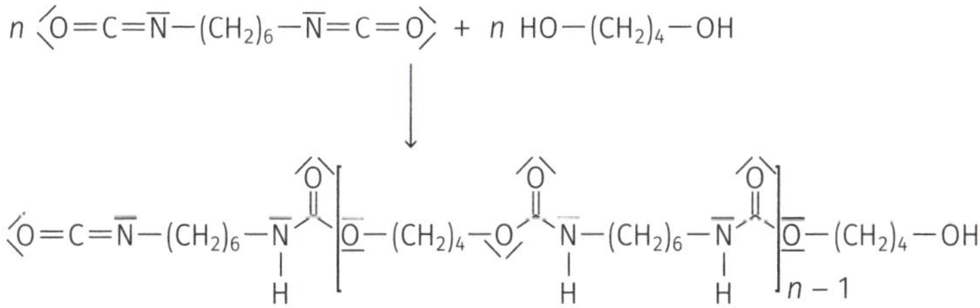

Eigenschaften und Verwendung

- Schäume: Synthese mit geringen Mengen Wasser → Bildung von CO_2 durch Reaktion mit Isocyanatgruppen → Aufschäumen
- Hartschäume: Moleküle dreidimensional eng vernetzt (Hochleistungsdämmstoffe)
- Hochelastische Schäume: Moleküle mit mittlerem Vernetzungsgrad (Schuhsohlen)
- Weichschäume: Vernetzung in größeren Abständen, Elastomer (Polster, Matratzen)

Silikone

- Siliciumorganische Verbindung, Silicium-Sauerstoff-Ketten mit Alkylresten an den Silicium-Atomen

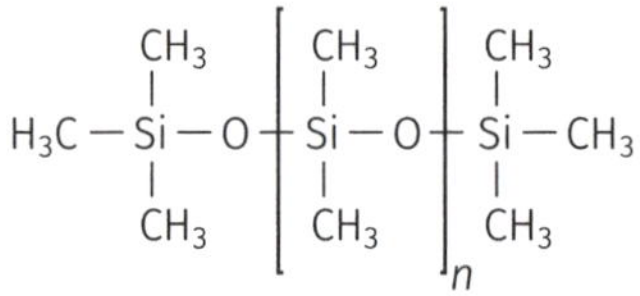

Eigenschaften und Verwendung

- wärmebeständig, wasserabweisend
- Silikonöle (Brems-, Hydraulikflüssigkeiten)
- Silikonkautschuke, elastisch von −100 bis 250 °C, chemikalienbeständig → Backform, Dichtungsmasse

Abi Tipp

KUNSTSTOFFSYNTHESE

- Üben Sie die Synthese von Kunststoffen unbedingt schriftlich.
- Sie müssen neben der einfacheren Radikalischen Polymerisation sowohl die Polyurethane, also auch die Polyester und Polyamide und ihre Synthese aufstellen können.
- Markieren Sie sich die funktionellen Gruppen der Ausgangsstoffe und auch die neu gebildeten Gruppen farbig, um sie sich besser einprägen zu können.

KUNSTSTOFFE Checkliste

Das sollten Sie jetzt sicher beherrschen:

→ die Kunststoffe nach Eigenschaften einteilen können
→ Syntheseverfahren unterscheiden können
→ Formeln für Monomere und Polymere entwickeln können
→ Synthesewege kennen

STICHWORTVERZEICHNIS

α-Strahlung 12
β-Strahlung 12
γ-Strahlung 12

A

Absorption 125
Aktivität 14
Alkanone 92
Alkane 83
Alkene 84
Alkine 86
Alkohol 88
Alkylierung 100
Aminosäuren 117
Ampholyt 42
Anilin 103
Anode 57
aromatisches System 97
Atommodell 7
Azofarbstoff 129

B

Base 42
bathochrom 126
Batterien 63
Benzol 96
Bindungsenthalpie 27
Brennstoffzellen 63
BRÖNSTED 42, 47

C

CAHN-INGOLD-PRELOG (CIP)-Konvention 106
Carbonsäuren 93
LE CHATELIER, Prinzip von 38
Chelat-Komplexe 20
Chelatometrie 77
chemisches Gleichgewicht 37
Chitin 113
Chlorophyll 127
Chromatographie 76

D

DANIELL-Element 57
Diastereomere 107
Dipol 18
Dipol-Dipol-Wechselwirkung 23
Disproportionierung 55

E

Edelgaskonfiguration 16
Elektroden 57
Elektrolyse 58, 68
Elektrolytlösung 57
Elektronegativität 12, 17
Elektronenaffinität 12
Elektronengasmodell 22
Elektronenkonfiguration 10
elektrophile Addition 85
elektrophile Substitution 98
Emission 125
Enantiomere 107
Energieerhaltungssatz 26
Energieprinzip 10
Enthalpie 26, 29
Entropie 28
Enzyme 33
Enzymregulation 35
Enzym-Substrat-Komplex 33
Ester 94
Ether 89

F

Farbigkeit 125
Fettsäuren 115
FRIEDEL-CRAFTS-Reaktion 100

G

GIBBS-HELMHOLTZ-Gleichung 29
Gitterenthalpie 27
Gleichgewichtsreaktionen 42
Glykogen 113
Gravimetrie 77

Grenzstrukturen 97
Gummi 137

H

Halbwertszeit 14
Halbzellen 57
Halbzelltypen 58
Häm 127
Hauptgruppen 11
Hauptquantenzahl 8
HENDERSON-HASSELBALCH 49
Heteroaromaten 102
HUND'sche Regel 10
Hybridisierungen 82
hypsochrom 126

I

Indigo 127
Indikatoren 49
Iodometrie 79
Ionengitter 21
Ionisierungsenergie 12
Isomerie 84, 87, 106

K

Katalysator 32
Katalyse 32
Kathode 57
Kautschuk 137
Kern-Hülle-Modell 7
Ketone 92
Kohlenhydrate 106
Kohlenwasserstoffe 81
Komplexbindung 19
konduktometrische Titration 77
konjugierte Doppelbindungen 97
Koordinationszahl 19
korrespondierendes Säure-Base-Paar 42
Korrosion 72
Korrosionsschutz 74

L

Laden eines Akkumulators 58
LE CHATELIER 38
Liganden 19
Lösungsenthalpie 27

M

Magnetquantenzahl 8
Makromoleküle 133
Manganometrie 79
Massenwirkungsgesetz 39
mesomere Grenzstrukturen 17
Mesomerie 17, 97, 126
Mesomerieenergie 97
MICHAELIS-MENTEN-Mechanismus 35
molare Standardreaktionsentropie 28
Monosaccharide 106

N

Nachweisreaktionen 76
Nebengruppen 11
Nebenquantenzahl 8
NERNST'sche Gleichung 59
Neutralisationsreaktion 42
Nitrierung 99
nukleophile Substitution 91

O

Oktettregel 16
Orbitalbesetzung 10
Orbitalmodell 8
Orbitaltheorie 96
Oxidation 52
Oxidationsmittel 52
Oxidationszahlen 52

P

PAULI-Prinzip 10
Phenol 103
pH-Wert 45, 48
pK_B-Wert 46
pK_S-Wert 46

Polyaddition 134, 139
Polyamide 138
Polycarbonate 139
Polyester 138
Polykondensation 134
Polymerisation 134
Polysaccharide 113
Primärzellen 63
Prinzip der maximalen Unordnung 28
Prinzip des Energieminimums 28, 29
Prinzip von LE CHATELIER 38
Proteine 117
Protolysereaktion 42
Protonenübergang 42
Puffergleichung 49
Pufferkapazität 49
Pufferkurve 50
Pufferlösungen 49

R

radikalische Substitution 83
Reaktionsenthalpie 27
Reaktionsgeschwindigkeit 30
Redoxgleichungen 52
Redoxpotential 58
Redoxreaktion 52
Redoxreihen 55
Redoxtitration 77
Reduktion 52
Reduktionsmittel 52
RGT-Regel 31
Ringbildung 108
R-Konfiguration 106
Rosinenkuchenmodell 7

S

Salze 47
Satz von HESS 27
Säure-Base-Begriff 42
Säure-/Basenstärke 47
Säure-Base-Paar, korrespondierendes 42
Säure-Base-Titration 77
Seifen 122
Sekundärzellen 63
S-Konfiguration 106
Spannungsreihe 58
Spektroskopie 80
Spinquantenzahl 8
Standardreaktionsentropie 28
Stereoisomerie 107
Stoffgemische 75
Sulfonierung 99
Synproportionierung 55

T

1. Hauptsatz der Thermodynamik 26
2. Hauptsatz der Thermodynamik 28
Trennverfahren 75
Triphenylmethanfarbstoffe 128

U

unedle Metalle 56

V

VAN-DER-WAALS-Kräfte 23
Verseifung 122

W

Wasserstoffbrückenbindung 23

Z

Zelldiagramm 57
Zentralteilchen 19
Zerfallsreihe 14
Zerteilungsgrad 31
Zwitterionen 118